中国石榴
病虫害综合管理

ZHONGGUO SHILIU BINGCHONGHAI
ZONGHE GUANLI

苑兆和　曲健禄　主编

中国林业出版社

中国石榴病虫害综合管理·编委会

主　　编： 苑兆和　曲健禄

副 主 编： 宫庆涛　招雪晴　吕菲菲　巨云为

编写人员： 苑兆和　曲健禄　宫庆涛　招雪晴
吕菲菲　巨云为　李素红　胡先奇
李文祥　范　昆　付　丽　闫　明
刘翠玉　赵玉洁　韩旭旭　袁伟程
陈　雯

图书在版编目（CIP）数据

中国石榴病虫害综合管理 / 苑兆和, 曲健禄主编.
—北京 : 中国林业出版社, 2018.10

ISBN 978-7-5038-9767-2

Ⅰ. ①中… Ⅱ. ①苑… ②曲… Ⅲ. ①石榴—病虫害防治
Ⅳ. ①S436.65

中国版本图书馆CIP数据核字(2018)第225010号

责任编辑： 张　华
出版发行： 中国林业出版社（100009 北京西城区刘海胡同7号）
电话： 010-83143566
印刷： 固安县京平诚乾印刷有限公司
版次： 2018年11月第1版
印次： 2018年11月第1次印刷
开本： 889mm × 1194mm 1/16
印张： 18
字数： 560千字
定价： 228.00元

序

石榴是我国国家规划的优势特色经济林树种之一，集生态、经济、社会效益、观赏价值与保健功能于一体，栽培历史悠久，种质资源丰富。近年来，随着人们生活水平的提高和我国农业产业结构的深入调整，石榴产业得以快速发展，产业集群已具规模，目前全国石榴种植面积已达13万hm^2，石榴产业化种植与系列化加工已成为我国林果业和农业增效、农民增收的新亮点。

随着国际交流深入和人类活动频繁以及全球气候异常，石榴病虫害日益严重，导致石榴产量降低、品质下降，个别地区和年份损失惨重。然而，在石榴产业迅速发展的今天，迄今国内外尚无一本全面系统地介绍有关病虫害综合防控的专著，科研、生产、管理、技术部门和广大种植者难以得到及时有效的指导和参考。国际园艺学会石榴工作组主席、南京林业大学苑兆和教授，长期专注于石榴相关领域科研探索，工作扎实，成果丰富，并享有国际影响力。其在投入基础研究的同时，亦关注石榴产业转型升级，为引导和规范石榴高效、生态、安全生产，组织石榴病虫害防控领域具有丰富实践经验的专家学者及相关科研和技术人员，从科研和实践两个视阈出发，长期坚持完善，付诸大量心血，收集了翔实的资料，在总结多年研究成果基础上，编著了《中国石榴病虫害综合管理》一书。

该书在石榴病虫害防控领域特色突出，内容全面，系统详尽，图文并茂，指导性强。首次将可持续发展的理念引入石榴病虫害综合防控之中，全面系统总结了石榴病虫害发生规律，并对具体的病虫害提出了科学有效的防控措施；另外，在防控方法上注重以绿色无公害为主、有机为辅，传统和现代技术相结合，既强调了病虫防控的可持续性，又兼顾生态环境、石榴果品质量安全及公众健康的可持续性。

全书具有较强的科学性、技术性、实用性和可操作性，是一部适合广大科研人员和石榴从业者的指导用书。相信该书的出版，将为石榴病虫害防控和绿色生产提供技术支撑，亦会对我国石榴产业的提质增效发挥重要引领作用。

山东农业大学　教授
中 国 工 程 院　院士　束怀瑞

前言

石榴（*Punica granatum* L.），属千屈菜科石榴属，为落叶灌木或小乔木，原产于伊朗、阿富汗等地区，公元前138至公元前125年引入我国。经过长期的自然选择和人工驯化，形成了四川会理、云南蒙自、山东枣庄、河南开封、陕西临潼、安徽怀远、新疆叶城、河北元氏8大主要产区。

当前，人们生活水平日益提高，学术界对石榴保健功能研究和认识不断深入，石榴产业随之快速发展，栽培面积不断扩大，作为古老而又新兴的果树树种，石榴及其产品在国内外市场备受青睐。然而，随着石榴种植集约化程度的提高、栽培技术和品种单一化、气候异常及物流的普及发展，诸多病、虫、生理、逆境等危害也随之传播、变化并有逐渐加重之趋势，给石榴产业的健康可持续发展造成极大负面影响。因此，本书对我国石榴病虫害综合管理中产生的新理论、新技术、新方法、新思路、新成果进行梳理完善，以介绍石榴病虫害防控领域的科研进展，亦对推进我国石榴产业的转型升级和提质增效，具有极大的理论和实践意义。

参编人员在总结自己二十多年科研成果基础上，经过五年多的潜心编写，业已成稿。书中绝大部分图片均为参编人员深入各石榴产区实景拍摄，涵盖了不同时期及不同部位的症状、不同发育期的虫态、相应的防控措施等。为寻求典型症状，编者付诸极大努力，有的图片跟踪多年方得拍摄成功，每一张图片都凝聚了参编人员的心血。基于精益求精的宗旨，书中选用了个别网络图片，因条件限制，无法联系到作者，特将网站链接列在相应图片名称下面，并向图片作者致意，对其他图片提供者也一并表示感谢；在防控措施部分，融入了新的防控技术，加入了生产上普遍认可的新农药，剔除了生产上禁用的高毒性、高残留农药，将防控过程中禁限农药，常用农药及使用技术，波尔多液、石硫合剂及树干涂白等制剂，综合防控技术规程等亦以附录形式列出，以供读者参考。

由于防控工作的特殊性，书中所列石榴生长发育期和病虫害防治时期等可能因局部气候、地形地貌、石榴品种、栽培方式等存有差异，具体操作过程应根据实际情况适当调整。本书编写力求实现学术价值和实际应用并举，以期为高校和科研院所相关研究人员、广大从业者提供参考。因编写者水平有限，书中难免存在疏漏和不足，敬请读者不吝指教，多提宝贵意见。

本书的出版得到了南京林业大学南方现代林业协同创新中心和江苏高校优势学科建设工程项目（PAPD）的大力支持，在此谨表感谢！

范兆和

二〇一八年十月于南京

目录

第一章 石榴主要虫害

第二章 石榴主要侵染性病害

第三章 石榴主要生理性病害

第四章 石榴逆境危害

第五章 石榴病虫害综合防控策略

第六章 农药的科学应用

中国石榴
病虫害综合管理
ZHONGGUO SHILIU BINGCHONGHAI
ZONGHE GUANLI

第一章

石榴主要虫害

SHILIU ZHUYAO CHONGHAI

随着石榴产业的迅猛发展，栽培模式、方式及用药技术的改变，石榴虫害发展呈现出明显的扩大趋势。调查发现，传统虫害如桃蛀螟、棉铃虫、石榴绒蚧、棉蚜等危害严重。部分蛀干害虫如石榴巾夜蛾、石榴茎窗蛾、豹纹木蠹蛾仍然无较好的防治手段。康氏粉蚧、柑橘小实蝇等害虫为害日趋严重，部分地区已造成巨大损失，值得进一步关注。部分叶部、果实害虫如刺蛾类、毒蛾类、叶蝉类、蜡蝉类、蝽象类虽未大面积发生，但点片为害不可小觑。另外，部分软体动物也对石榴造成影响，但影响程度和范围仍需进一步研究和关注。本章共收录害虫36种，害螨1种，软体动物3种。其中鳞翅目害虫最多，为15种，占害虫种类的41.67%；半翅目次之，为14种，占38.89%； 鞘翅目4种，占11.11%；双翅目和缨翅目各1种，分别占2.78%，由此可见，鳞翅目和半翅目为石榴主要害虫，占害虫种类的80.56%。本章列举了石榴中常见的虫害，对各虫害的危害特点、形态特征、发生规律进行了归纳总结，提出了科学的防治措施，为石榴生产中虫害的防控提供参考和依据。

桃蛀螟

学名： *Dichocrocis punctiferalis* Guenée
科属： 鳞翅目螟蛾科
别名： 桃蠹螟、桃果蠹、桃实螟、豹纹蛾、果斑螟蛾、桃斑蛀螟等
俗称： 蛀心虫、食心虫

危害特点

桃蛀螟食性极杂，寄主植物多达40余种。可危害石榴、板栗、枣、山楂、桃、梨、李、杏、梅、苹果、葡萄、柿、樱桃、核桃、柑橘、甜橙、脐橙、柚、枇杷、龙眼、无花果、荔枝、杧果、木波罗、木瓜、银杏等果树；向日葵、蓖麻、高粱、玉米、大豆、扁豆、棉花、姜科植物等作物；松、杉、桧柏、臭椿等林木。桃蛀螟为害极其严重，在有些寄主上甚至是毁灭性的。石榴是其主要的寄主之一。桃蛀螟以幼虫蛀入石榴果内啃食，导致果实腐烂。受害初期危害症状不明显，后期有虫粪排出或黄褐色汁液自萼筒流出，果实腐烂。部分受害果实脱落，少量果实成僵果，悬挂于果园，内常有幼虫越冬。一般果园受害率20%～40%，严重时达40%～70%，大发生时达90%，导致毁园，这是各石榴产区多年来生产上的主要问题之一。

①桃蛀螟单果危害状
②桃蛀螟双果危害状
③桃蛀螟成虫

①

②

③

形态特征

（1）**成虫**。体长10～15mm，翅展20～26mm ，全体黄至橙黄色，体背、前翅、后翅散生大小不一的黑色斑点，似豹纹。雌蛾腹部末端圆锥形，雄蛾腹部末端有黑色毛丛。

（2）**卵**。长0.6～0.8mm，宽0.4～0.6mm，椭圆形，具有细密而不规则的网状纹。随时间推移，颜色由初产时乳白或米黄色渐变为橘黄色，孵化前期变为红褐色，可以此推测产卵时间。

（3）**幼虫**。体长18～25mm，体背多为淡褐、浅灰、浅灰蓝、暗红等色，腹面为淡绿色。头暗褐，前胸盾片褐色，臀板灰褐色，各体节毛片明显，灰褐至黑褐色，背面的毛片较大，第1～8腹节气门以上各具6个，成两横列，前4后2。气门椭

桃蛀螟幼虫危害状

圆形，围气门片黑褐色突起。腹足趾钩具不规则的3序环。

（4）**蛹**。长11～14mm，纺锤形。初为浅黄绿色，渐变为黄褐至深褐色。头、胸和腹部1～8节背面密布细小突起，第5～7腹节前后缘有一条刺突，腹部末端有6条臀刺。

发生规律

桃蛀螟在我国发生代数存在较大差异。如北方各省年发生2～3代，华北地区3～4代，西北地区3～5代，华中地区5代，华南地区5～6代。该虫主要以老熟幼虫在树翘皮裂缝、枝杈、树洞、干僵果内、贮果场、土块下、石缝、园艺地布及覆盖物、板栗壳、玉米和高粱秸秆、杂草堆等处结茧化蛹越冬。北方地区，越冬代幼虫一般在3月下旬开始化蛹，4月中下旬开始羽化，5月下旬至6月上旬进入羽化盛期。每日多集中在7：00～10：00羽化，以8：00～9：00数量最多且最为集中。成虫白天常静息在叶背、枝叶稠密处或石榴果实上，晚间飞出完成交配、产卵及取食活动，成虫通过取食花蜜、露水及成熟果实汁液补充营养。5 月中旬田间可见虫卵，盛期在5月下旬至6月上旬，一直到9月下旬，均可见虫卵，世代重叠严重。成虫产卵多集中在20：00～22：00，多单产于石榴萼筒内及果与果、果与枝、叶相接触处。卵期3～4天，初孵化幼虫在萼筒内、梗或果面处吐丝蛀食果皮，2龄后蛀入果内取食籽粒，蛀孔处常见排出细丝缀合的褐色颗粒状粪便。随蛀食时间的延长，果内可见虫粪，并伴有腐烂、霉变特征。幼虫5龄，经15～20天老熟。

防控措施

桃蛀螟寄主杂、发生世代多，世代重叠严重，一旦发生危害，较难防治。植物保护工作者和种植户等根据当地的主要寄主和寄主转移危害规律及不同世代成虫发生的时期等因素，在产卵盛期和幼虫孵化初期适时采用农业、物理、生物、化学等措施综合防控，才能有效降低桃蛀螟危害。

农业防控

（1）***彻底清园，减少越冬虫源基数。***石榴采收后至新梢萌芽前，要及时摘除树上僵果，捡拾树下干、僵、病、虫果实，集中烧毁或深埋，烧毁时要注意防火，深埋时要辅助撒施石灰或药剂，且深度不小于20cm。清除果园内及周边玉米、高粱秸秆等越冬寄主。剔除石榴树老翘皮，降低越冬基数。果树生长期间，随时摘除虫果，处理害虫。第一代后害虫发生期起，可于主干扎草绳，诱集幼虫和蛹并集中消灭。果园养鸡，可啄食脱果幼虫，起到一定的防治作用。4月下旬起可在石榴园内安装黑光灯，挂诱集罐、性引诱芯等诱杀成虫，并可起到预测预报的作用。

（2）***树干绑草把或种植向日葵诱杀。***果实采收前树干捆绑一圈稻草、杂草或果袋等杂物，可诱集部分幼虫、蛹和成虫，然后集中处理彻底销毁。利用桃蛀螟成虫对向日葵花盘的嗜食性强、喜在其上产卵的特性，分期分批种植向日葵，招引成虫产卵，待幼虫老熟前，集中处理，可有效降低石榴虫果率，减小虫口密度和果园喷药次数。

①石榴僵果中越冬幼虫
②石榴园僵果

①

②

果实套袋

物理防控

石榴果实套袋可有效降低桃蛀螟危害。可于坐果后20天左右进行果实套袋，效果较好。套袋前可先进行疏果处理，喷洒1～2次杀虫、杀菌剂，果面晾干后即可进行套袋处理，喷药果实应尽量在3天左右完成套袋，时间延长，效果会变差。

化学防控

（1）**药剂处理**。于各代桃蛀螟成虫产卵盛期，用2.5%高效氯氟氰菊酯水乳剂1000～2000倍，或3.2%甲维盐·氯氰微乳剂1000～1500倍，或25g / L多杀霉素悬浮剂1000～2000倍药液喷雾处理。也可采用毒死蜱、氰戊菊酯、甲维盐、氯虫苯甲酰胺、乙基多杀菌素、氰氟虫腙等药剂按照推荐浓度均匀喷布，杀灭初孵幼虫。

（2）**性诱剂诱杀**。在发生较轻、数量较少的果园起到较大作用。发生较重、数量较多的果园，应及时结合诱杀数量，评估危害程度，并开展适当的化学防治。

生物防控

（1）**生物农药**。对食品等级要求较高的果园，可采用8000IU/μL苏云金芽孢杆菌悬浮剂500～1000倍药液进行喷雾处理，也可采用白僵菌、绿僵菌推荐剂量下均匀喷布，降低桃蛀螟危害。

（2）**保护利用天敌**。虫口密度低时可放姬蜂防治幼虫。成虫产卵期释放赤眼蜂。8～9月啄木鸟营巢季节，在大树上挂人工巢箱招引啄木鸟等益鸟。

桃小食心虫

学名： *Carposina niponensis* Wals.
科属： 鳞翅目果蛀蛾科
别名： 桃蛀果蛾、桃小食蛾、桃食卷叶蛾、苹果食心虫等
俗称： 桃小

危害特点

桃小食心虫主要危害石榴、苹果、桃、梨、花红、山楂、枣等果树。桃小食心虫幼虫一般在果实中部、底部蛀入，果实表面留有针状大小蛀果孔，呈现黑褐色凹点，四周呈现浓绿色，常伴有泪珠状果胶外溢，干涸后呈白色蜡质膜。因蛀孔较微小，不易发现。蛀果发生4～5天，果实出现直径约2.5cm圆形浅红色晕，且随着果实的生长变为桃红色，背阴果面红晕更为明显。幼虫蛀食果实，钻蛀取食果皮表层或果芯籽粒，虫道弯曲，内有红褐色虫粪。幼果期危害，果实一般变黄脱落，偶见树上悬挂。幼虫老熟后，脱果前3～4天形成脱果孔，将部分粪便排出果实。部分粪便常黏附脱果孔周围，易于发现。

形态特征

（1）**成虫**。雌性虫体较大，体长7～8mm，翅展15～18mm。雄性虫体较小，体长5～6mm，翅展13～15mm。全体灰白色至灰褐色，复眼红褐色。雌虫唇须较长向前直伸，雄虫唇须较短并向上翘，这是鉴别雌雄的主要特征之一。成虫前翅中部近前缘处有近似三角形蓝灰色大斑，近基部和中部有7～8簇黄褐或蓝褐斜立的鳞片。后翅灰色，缘毛长，浅灰色。翅缰雄1根，雌2根。

（2）**卵**。椭圆形或桶形，卵初期橙红色，渐变深红色，孵化前期卵顶部可见幼虫黑色头壳。卵顶部环生2～3圈“Y”状刺毛，卵壳表面具不规则多角形网状刻纹。

（3）**幼虫**。幼龄幼虫淡黄或白色。近老熟时体长13～16mm，桃红色，幼虫体长、大小、颜色常因寄主植物等因素略有差异。幼虫腹部颜色较浅，无臀栉，头黄褐色，前胸盾黄褐至深褐色，臀板黄褐或粉红色。幼虫老熟后，分别作茧化蛹，茧可分为冬茧和夏茧两种类型。冬茧较小，扁圆形，长2～3mm，茧丝紧密，幼虫呈“C”字形蜷缩化蛹。夏茧较大，长纺锤形，长7～13mm，茧丝松散，幼虫呈“一”字形化蛹。

（4）**蛹**。蛹初期黄白色，渐变灰黑色。足和触角端部游离，蛹壁光滑无刺。

发生规律

桃小食心虫广泛分布于我国N31° 以北、E102° 以东的北方果区，是我国水果产区主要害虫之一。该虫在山东地区一年发生1～2代，以老熟幼虫在果园树下土壤、堤堰、堆果场、种子层积沙堆、果树根颈部结茧越冬。研究发现，山东地区越冬代幼虫在5月中旬开始出土，出土盛期在5 月下旬末到6 月下旬。桃小食心虫出土以后主要在树冠荫蔽处、石块、土块、果树老根、杂草、杂物等处做夏茧并化蛹。成虫羽化后常昼伏夜出，一般经2～3天产卵，每只雌虫的产卵期约为15天。初孵幼虫常在果实表面爬行选择适当部位蛀果危害。第1代幼虫在果实中历期22～29天，成虫于7月下旬开始出现，9月下旬结束，盛期一般在8月中下旬。第2代幼虫在果实内历期14～35天，最早8月下旬开始脱果，9月中下旬为盛期。

桃小食心虫成虫世代重叠严重，导致其代数区分不明显。其发生规律与当地温度、湿度、寄主植物种类等关系密切。越冬幼虫出土、化蛹、羽化、产卵等都需要较高的湿度，成虫出土时需要土壤湿润，天干地旱时幼虫几乎全不能出土，而雨后出土数量显著增多，因此，防治时需要根据天气情况，合理调整。5～6月份降雨量的多少是影响越冬代成虫羽化时间和数量的主导因素。

防控措施

防治桃小食心虫应做好预测预报工作，坚持“树下为主，树上为辅，严防第1代，控制第2代”的原则，可起到事半功倍的效果。

农业防控

越冬幼虫出土和脱果前，注意清除树冠下部杂草、覆盖物等，及时摘除虫果并做集中处理。近年来，随着宽行密植栽培的推广及相应园艺措施的跟进，宽幅地膜、地布覆盖树盘，可有效阻止或降低越冬代成虫成功羽化产卵概率，效果良好。

物理防控

（1）**果实套袋**。桃小食心虫发生期，要及时摘除虫果，集中用药处理。在其成虫产卵前可进行果实套袋处理，阻止幼虫钻蛀危害。

（2）**诱杀防控**。5月中旬悬挂诱虫灯、频振式杀虫灯、糖醋酒液等，兼具测报和诱杀桃小食心虫的效果。

化学防控

（1）**撒施毒土或地面喷雾处理**。利用15%毒死蜱颗粒剂2kg，或50%辛硫磷乳油0.5kg与细土、砂等15～25kg混合制作毒土，或直接利用颗粒制剂均匀撒施于树干下

地面覆盖

诱杀防控

地面，并用耙将药土与土壤混合、整平。用毒死蜱、辛硫磷等在越冬成虫出土喷湿地面，耙松地表即可。

（2）**药剂处理**。可分别在初孵幼虫期全株喷施0.5%甲维盐微乳剂1500～3000倍，或35%氯虫苯甲酰胺水分散粒剂7000～10000倍，或20%氰戊·马拉松乳油1000～1500倍进行喷雾处理，也可采用毒死蜱、氰戊菊酯、阿维菌素、甲维盐、氟苯虫酰胺、灭幼脲等对卵及初孵幼虫有较好效果的药剂。在幼虫脱果期，喷施40%毒死蜱微乳剂1500～2000倍，或3%阿维菌素微乳剂3000～6000倍，或14%氯虫·高氯氟悬浮剂3000～5000倍喷雾处理，毒杀老熟幼虫。也可采用杀灭菊酯、高效氯氰菊酯、溴氰菊酯、灭幼脲等开展老熟幼虫防治。初次喷药后7～10天再喷一次，可取得良好的防治效果。

（3）**诱杀剂**。5月中旬悬挂性诱芯，兼具测报和诱杀桃小食心虫的效果。

生物防控

（1）**利用寄生蜂开展防治**。桃小食心虫寄生蜂种类较多，尤以桃小早腹茧蜂、中国齿腿姬蜂寄生率较高，效果较好。

（2）**昆虫病原线虫**。昆虫病原线虫作为一种农林害虫新型生防因子，部分品系对桃小食心虫表现出良好的侵染活性。研究表明S. feitiae 90品系昆虫病原线虫对桃小食心虫老熟幼虫、夏茧、冬茧最佳浓度为12000条/mL。部分农药如噻虫嗪可与线虫混合，结合滴灌、喷灌、撒施、泼浇等施用手段，防治桃小食心虫，可取得良好效果。

（3）**生物农药**。采用8000IU/μL苏云金芽孢杆菌悬浮剂500～1000倍药液进行喷雾处理，效果较好。也可采用白僵菌、绿僵菌药剂推荐剂量下均匀喷布，可应用于绿色、有机等要求较高的果园开展防控。

棉铃虫

学名： *Helicoverpa armigera* Hubner
科属： 鳞翅目夜蛾科
别名： 绿带实蛾、红铃虫、棉铃实夜蛾、棉桃虫、钻心虫、钻桃虫、青虫等

危害特点

棉铃虫食性极杂，寄主植物有20多科200余种，可危害石榴、苹果、山楂、桃、梨、李、杏、葡萄、无花果、草莓、板栗、核桃、柑橘、甜橙、脐橙等果树；小麦、大麦、番茄、辣椒、棉花、向日葵、蓖麻、高粱、玉米、大豆、扁豆、姜科植物等作物，是我国果树、粮食、蔬菜、花卉、饲草、绿肥等作物的主要害虫之一。初孵幼虫早期主要啃食石榴嫩梢腋芽和嫩叶，后期主要危害石榴果实。一般表现为两种类型，其一，迁移危害，具有多次转果危害习性，一般发生在早期，表现为仅啃食幼果表皮而不蛀入，迁移到相邻果实继续危害，对石榴果实外观造成影响，进而降低了石榴的价值；其二，钻蛀果内，取食危害，形成孔洞，造成果实提前脱落、干瘪、腐烂或形成僵果，对石榴产量造成影响。

棉铃虫花期啃食危害

①棉铃虫危害果萼
②棉铃虫果实受害前期
③棉铃虫果实受害后期

形态特征

（1）**成虫**。体长15～20mm，翅展27～40mm。雌雄蛾体存在差异，一般雌蛾赤褐色至灰褐色，雄蛾青灰色。前翅有褐色肾形纹和环状纹理，肾形纹外侧有褐色宽横带，端部各脉间有黑点。后翅淡褐色至灰白色，脉纹褐色明显。雄性生殖器阳茎细长且末端内膜着生1个倒刺，区别于烟青虫。

（2）**卵**。近半球形，底部平，高0.51～0.55mm，直径0.44～0.48mm，顶部稍隆起，表面可见纵横纹。随着卵期延长，颜色变化明显，作为推断产卵时间的依据，其初期为乳白色或淡绿色，渐变为黄色，孵化前变为紫褐色。

（3）**幼虫**。老熟幼虫长40～50mm，体表密生长而尖小刺，因食物、环境及遗传因素差异很大，有白色、淡绿色、青灰色、淡红色、红褐色、黑紫色等色型，其中绿色型和红褐色型较为常见。有报道将其分为4种类型：①体色淡红，背线、亚背线褐色，气门线白色，毛突黑色。②体色黄白，背线、亚背线淡绿，气门线白色，毛突与体色相同。③体色淡绿，背线、亚背线不明显，气门线白色，毛突与体色相同。④体色深绿，背线、亚背线不太明显，气门淡黄色。头部黄色，有褐色网状斑纹。

（4）**蛹**。纺锤形，长13～24mm，宽4～7mm，赤褐至黑褐色，腹末臀刺1对，刺基部分开。

棉铃虫幼虫

棉铃虫成虫

发生规律

棉铃虫分布于亚洲、欧洲、非洲、大洋洲等地，范围极广。我国各果区均有发生，其中黄河流域、辽河流域和西北内陆作为我国主要棉花产区，间接促进了果树棉铃虫的发生，为常发区。长江流域为间歇性发生区。总体而言，北方发生危害程度高于南方。棉铃虫周年发生因地而异，在新疆发生3代，华北地区一年4代，长江流域一般5～6代，云南地区可发生6～7代。棉铃虫一般在地表5～15cm入土化蛹，外被土茧，以蛹越冬。西北地区5月上中旬越冬代成虫开始，第1代卵、幼虫和成虫发生盛期分别在6月初、6月上中旬和7月上旬，第2代卵、幼虫和成虫的发生盛期分别在7月中旬、下旬和8月下旬，第3代卵和幼虫的盛发期分别在8月下旬至9月初、9月中旬。华北地区4月下旬至5月中旬越冬代成虫羽化，第1代幼虫5月上中旬开始为害，6月上中旬入土化蛹，6月中下旬成虫盛发期；第2代幼虫发生较重，6月底至7月中下旬为第2代幼虫化蛹盛期，7月下旬至8月上旬为第2代成虫盛发期；第3代幼虫为害盛期在8月上中旬，成虫盛发期在8月下旬至9月上旬；第4代幼虫9月下旬至10月上旬老熟，开始在5～15cm的土壤中越冬。长江流域越冬代4月底至5月上旬成虫羽化；第1代成虫6月份进入盛发期；第2代成虫盛发期在7月中下旬至8月上旬；第3代成虫盛发期在8月中下旬；第4代成虫盛发期在9月上中旬；第5代10月入土化蛹。

防控措施

农业防控

（1）**翻耕灭蛹**。秋冬农闲季节，进行翻耕，切断蛹的羽化通道，降低越冬代虫口基数。

（2）**预测预报**。根据越冬代棉铃虫发生危害的面积、虫口密度和数量等信息，及时预测预报第1代发生危害时间和数量适时开展防治。结合石榴修枝、整形、疏花、疏果等园艺操作，摘除受害花果并灭杀幼虫。

（3）**间作套种**。间作毛叶苕子、苜蓿等绿肥作物，降低棉铃虫对石榴的危害。

物理防控

根据当地发生期，提前悬挂黑光灯、诱虫灯、频振式杀虫灯、糖醋酒液等，兼具测报和诱杀棉铃虫的效果。

化学防控

（1）**药剂处理**。初孵幼虫期全株喷施2.5%高效氯氟氰菊酯水乳剂1000～1500倍，或0.5%甲维盐微乳剂1500～3000倍，或35%氯虫苯甲酰胺水分散粒剂7000～10000倍，进行喷雾处理，也可采用毒死蜱、氰戊菊酯、阿维菌素、氟苯虫酰胺、灭幼脲等对卵及初孵幼虫有较好效果的药剂。在幼虫脱果期，喷施25%多杀霉素悬浮剂1000～2000倍，或30%毒死蜱悬浮剂1000～1500倍，或60g/L乙基多杀菌素1500～3000倍喷雾处理。也可采用杀灭菊酯、高效氯氰菊酯、溴氰菊酯、灭幼脲等毒杀老熟幼虫。初次喷药后7～10天再喷一次，可取得良好的防治效果。

（2）**诱杀防控**。根据当地发生期，提前悬挂性诱芯兼具测报和诱杀棉铃虫的效果。

生物防控

（1）**保护和利用天敌**。利用果园内的螳螂、寄蝇、捕食蜂、寄生蜂及鸟类等进行防治。

（2）**生物农药**。利用30亿PIB/mL斜纹夜蛾核型多角体病毒悬浮剂2000～4000倍，或8000IU/μL苏云金芽孢杆菌悬浮剂500～1000倍药液进行喷雾处理，效果较好。也可采用绿僵菌、白僵菌、苦参碱、天然除虫菊素等生物药剂防控棉铃虫。

寄生蜂

石榴巾夜蛾

学名： *Parallelia stuposa* Fabricius
科属： 鳞翅目夜蛾科
别名： 石榴夜蛾、石榴叶夜蛾

危害特点

石榴巾夜蛾可危害石榴、苹果、桃、梨、番石榴、葡萄、柑橘等水果，月季、蔷薇、紫薇等花卉，麻柳、国槐、合欢等林木。该虫是石榴产区的主要害虫之一，以幼虫危害石榴嫩芽、幼叶、成叶及果实嫩皮等。危害较轻的造成叶片孔洞、缺刻，严重时可将叶片吃光，仅余主脉和叶柄。幼虫运动姿势与尺蛾类似，遇到震荡、惊吓等常吐丝下垂。成虫一般夜间吸食成熟果实汁液，属二次危害的害虫，即只危害伤果、腐烂果等，并进一步加重被害程度。成虫9月份可转主危害葡萄，成为主要吸果害虫。因此，石榴和葡萄园应间隔一定距离，减轻危害。

形态特征

（1）**成虫**。体长18～20mm，翅展43～46mm，头胸腹褐色或黄褐色，口器发达。前翅褐色，后翅棕褐色，前缘中部至后缘中部有1条灰白色直带，外缘附近呈

石榴巾夜蛾成虫
http://www.gengzhongbang.com/article-737-1.htmL

石榴巾夜蛾幼虫
（侯乐峰 摄影）

灰褐色。中、后足胫节有刺，各胫节均有长毛。

（2）**卵**。馒头形，顶部平滑，底部稍圆，灰绿色，0.60～0.70mm。卵壳表面从顶部到底部有规则的纵棱与较细的横道，形成不规则方格状花纹。

（3）**幼虫**。低龄幼虫黑色，体表有棕色成分。老熟幼虫43～50mm，体头部灰褐色，体背面茶褐色，腹面淡储色，腹线黑储色。第一、二节腹节弯曲呈桥形，前端稍尖，腹部第一节背面有一对黑色小斑点。第八节背面有两个毛突隆起，黑色；前端稍尖，第一对腹足很小，第二对中央具黑色不规则花斑。左右胸足之间、腹足之间及第七至十腹节的黑斑显著，第八腹节两毛突较隆起，黑色或红色，胸足紫红色，腹足外侧茶褐色，有暗黑斑，腹足内侧紫红色，气门椭圆形，围气门片黑色。尾足向后突出，腹面淡黄色至白色。

发生规律

石榴巾夜蛾在我国年发生世代存在地域差异。山东地区1年发生3～4代，北京4～5代，西安2～3代。各地均以蛹越冬。石榴巾夜蛾生活史不整齐，世代重叠严重。4月上旬成虫开始羽化，羽化后2～3天后即可产卵，卵期6～10天；第1代幼虫4月中旬出现，5月中旬在树皮缝、阜丛间、树下石块等地吐丝结茧化蛹。第1代成虫5月下旬开始羽化。第2代幼虫6月上旬开始出现， 7月上旬成虫羽化。第3代幼虫7月中旬开始出现，成虫8月中旬羽化。第4代幼虫8月下旬开始出现，9月下旬开始老熟，10月上旬化蛹越冬。幼虫体形及体色拟态石榴枝条，白天常在粗细程度与身体相似的枝条上静伏，多以尾巴朝向枝梢，不易发现。幼虫对3～5年生石榴幼树危害最重，喜食梢部嫩叶。石榴主产区一般不危害其他林木。幼虫夜间进行取食，造成叶片缺刻，取食严重时仅剩叶柄。越冬老熟幼虫多在树盘内较为疏松的土中化蛹。成虫主要在夜间羽化，昼伏夜出，20：00～22：00时活动最盛；成虫具有趋光性，寿命7～18天。成虫常在新梢叶腋、皮缝、叶片背面产卵。卵散生，每雌产卵

43～182粒，卵期4～8天。一般山地比平原果园受害严重。石榴巾夜蛾对石榴危害存在品种差异，一般薄皮、具香味、早中熟品种受害较重。

防控措施

农业防控

（1）**加强检疫，避免害虫远距离传播。**

（2）**人工捕捉。**石榴落叶后和萌芽前，树干周围挖捡越冬蛹。幼虫发生期人工捕捉幼虫。

物理防控

根据当地发生期，提前悬挂频振式杀虫灯、黑光灯、糖醋酒液等，兼具测报和诱杀石榴巾夜蛾的效果。

化学防控

全园喷施40%毒死蜱微乳剂1500～2000倍，或2.5%高效氯氟氰菊酯水乳剂1000～1500倍，或12%甲维·虫螨腈悬浮剂1000～1500倍防控初孵幼虫及成虫。也可采用敌百虫、氰戊菊酯、溴氰菊酯、醚菊酯、丁醚脲、阿维菌素、甲维盐、多杀霉素、乙基多杀霉素、灭幼脲、甲氧虫酰肼、杀铃脲、氰氟虫腙等喷雾处理。

生物防控

（1）**保护和利用天敌。**保护利用园内的蜀蝽、螳螂、麻雀、大山雀等进行防治，可取得一定效果。

（2）**生物农药。**利用30亿PIB/mL斜纹夜蛾核型多角体病毒悬浮剂2000～4000倍处理，效果较好。也可采用苦参碱、天然除虫菊素、苏云金芽孢杆菌、绿僵菌、白僵菌等控制石榴巾夜蛾危害。

螳螂卵块

石榴茎窗蛾

学名： *Herdonia osacesalis* Walker

科属： 鳞翅目窗蛾科

别名： 绢网蛾、钻心虫、花窗蛾等

危害特点

石榴茎窗蛾是石榴的主要害虫之一。以幼虫蛀食当年新梢及多年生枝，造成枝条大量死亡，严重影响开花结果且造成树势衰弱，产量下降，严重时整树死亡。成龄石榴园石榴茎窗蛾危害株率严重的可达80%～100%，枝条受害率平均达15%左右，严重者高达50%。

①石榴茎窗蛾危害特点
②石榴茎窗蛾幼虫钻蛀状

形态特征

（1）**成虫**。体长10～17mm，翅展30～55mm。前翅乳白色，微黄，稍有灰褐色光泽。雌成虫触角状，雄成虫触角栉齿状。前后翅大部分透明，前缘有11～16条短纹。前翅顶角有深褐色晕斑，下方内陷，弯曲呈钩状，顶角下端呈粉白色，外缘有数块深茶褐色块状斑。后翅外缘略呈褐色，基线、内线、中线、外线均为茶褐色，亚外线有一条褐色横带，中横线与外横线处的两个茶褐色几乎并列平行，两带间呈粉白色，翅基部有茶褐色斑。

（2）**卵**。瓶状，长0.6～1.0mm，初为白色，后变为枯黄，孵化前橘红色。卵面具有纵隆线和细横线。

石榴茎窗蛾成虫
http://zhibao.yuanlin.com/bchDetail.aspx?ID=949

①石榴茎窗蛾幼虫
②石榴茎窗蛾幼虫排粪孔

（3）**幼虫**。圆筒形，长30～35mm，淡青黄至土黄色。头部褐色，后缘有3列褐色弧形带，上有小钩。腹部末端坚硬，深褐色，上生白毛，背面向下倾斜，末端分叉，叉尖端成钩状，第八腹节腹面两侧各有一深褐色楔形斑，中间夹一尖楔状斑，有4对腹足，臀角退化，趾钩单序环状。

（4）**蛹**。长圆形，长15～20mm，棕褐色，头与尾部呈紫褐色。

发生规律

石榴茎窗蛾在河北、山东、山西、河南、安徽、浙江、云南等石榴产区均有分布。长江以北及黄淮海地区1年1代，以幼虫在被害枝条蛀道内越冬。翌年3、4月份越冬幼虫开始取食为害，5月老熟幼虫在蛀道内化蛹，5月中旬为化蛹盛期，蛹期约30天。6月上中旬开始羽化，6月中旬为羽化盛期。成虫昼伏夜出，趋光性较差。卵单粒产在新稍顶端2～4叶芽腋里，幼虫孵化后自芽腋顶端蛀入，3～5天后被害梢萎蔫终至干枯。田间7月初出现症状。幼虫下蛀达木质部。每隔一段距离向外开1个排粪孔。随虫体增长，排粪孔间距加大，被害枝条上最少有2个排粪孔。至秋季蛀入2～3年生枝条，多在枝与枝交接处虫道下方越冬。幼虫在芽腋处钻入，周围留有粪便，受害枝条枯死。

防控措施

农业防控

秋季落叶至翌年春季萌芽前，结合修剪清除被害枝条。根据虫孔或粪孔，判定枝条内是否有虫，然后自最后一个排粪孔下方剪掉，一直剪到不见隧道为止。春季石榴发芽后，对石榴树进行检查，发现未发芽的干枯枝条及时剪除并消灭枝条内越冬幼虫。6～7月要经常检查枝条，发现萎蔫新梢及时处理。

化学防控

（1）**喷雾处理**。成虫产卵盛期，喷施80%敌百虫可湿性粉剂1000倍，或40%毒死蜱微乳剂1500～2000倍，或2.5%溴氰菊酯2500～3000倍进行喷雾处理，也可采用杀灭菊酯、高效氯氰菊酯、高效氯氟氰菊酯、溴氰菊酯、多杀霉素、乙基多杀霉素、灭幼脲3号等，毒杀成虫。幼虫孵化盛期树冠喷洒40%毒死蜱微乳剂1500～2000倍、30%阿维·灭幼脲悬浮剂1500～2000倍、35%氯虫苯甲酰胺水分散粒剂5000～7000倍进行喷雾处理，也可采用氰戊菊酯、甲维盐、氟苯虫酰胺、灭幼脲等对卵及初孵幼虫有较好效果的药剂。每隔15天左右喷1次，连续2次，可达到较好的防治效果。

（2）**药剂注干，泥封蛀孔**。根据害虫具有向下蛀食的习性，对幼虫新蛀入枝条后，查找幼虫排粪孔，用20%氰戊菊酯乳油1000～1500倍，或2.5%溴氰菊酯乳油1000～1500倍等药剂注入最下部排粪孔并用黏泥封口，消灭枝条内的初虫。也可采用辛硫磷、毒死蜱进行处理。

豹纹木蠹蛾

学名： *Zeuzera coffeae* Nietner
科属： 鳞翅目木蠹蛾科
别名： 石榴豹纹木蠹蛾、棉茎木蠹蛾、豹纹木蠹蛾、咖啡黑点蠹蛾、咖啡木蠹蛾、六星黑点蠹蛾

危害特点

豹纹木蠹蛾主要危害石榴、核桃、苹果、桃、梨、枣、樱桃、柿子、山楂、葡萄、柑橘、龙眼、荔枝、番石榴、枇杷、咖啡等果树；茶树、蓖麻、棉花、杜仲等作物；杨树、木槿、木麻黄、柚木、紫穗槐、柳、香椿、桑树、泡桐等林木。该虫是石榴重要蛀干害虫之一。幼虫在韧皮部和木质部之间绕茎蛀食，有长椭圆形粪便排出，破坏输导组织，导致石榴树嫩梢、枝干从受害部位以上萎蔫、枯死或遇风折断，常造成当年生枝大量死亡，植株输导组织受害，树势衰弱，严重影响石榴产量和品质。幼树顶梢受害常导致侧枝层生。不同树龄石榴树受害程度存在差异。低龄石榴树危害较轻，一般树体蛀道孔平均每株10～15个，枝干受害率10%～20%。老龄树危害较重，树上蛀道孔平均每株50～70个，枝干受害率60%～80%。管理粗放的石榴园虫口密度一般较大，受害严重。豹纹木蠹蛾飞翔、交尾、产卵易受降雨因素影响，6～7月雨量较多的年份一般受害较轻。冬季温度高的年份，利于该虫越冬，一般危害较重。

豹纹木蠹蛾危害状

豹纹木蠹蛾幼虫

豹纹木蠹蛾蛹

豹纹木蠹蛾雌成虫

豹纹木蠹蛾雄成虫

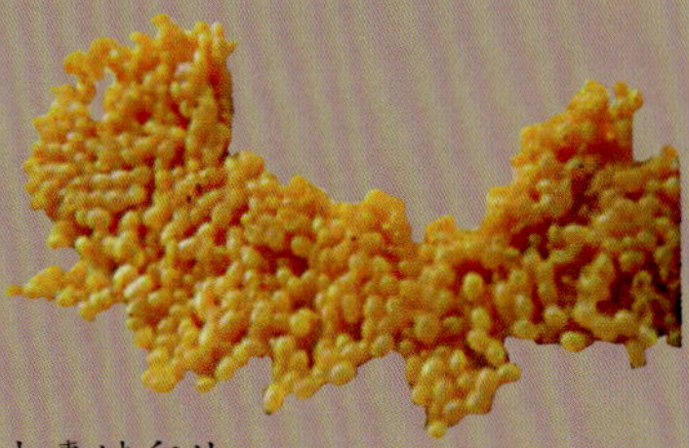

豹纹木蠹蛾卵块

形态特征

（1）**成虫**。雌雄虫体大小存在差异，一般雌虫较大，体长20～26mm，翅展42～58mm；雄虫较小，体长13～22mm，翅展26～46mm，灰白色，头部小，复眼黑色。触角黑褐色，雄虫触角基部双栉齿状，端部丝状，雌虫触角丝状。胸部灰白色，有6个呈两纵列青蓝色斑。前翅灰白色，翅脉黄褐色，顶角尖，脉间密布短黑色纹，雄虫纹较模糊，雌虫明显，短斜纹泛青蓝色。腹部白灰色，雄虫腹部腹面白色，无斑点；雌虫腹面有3列青蓝色黑斑，中间的个体较大。雌虫产卵管外露，长8～10mm。

（2）**卵**。椭圆形，长约1mm，初为黄白色，后变棕褐色。

（3）**幼虫**。初孵幼虫初期紫黑色渐变为紫红色。老熟幼虫体长20～35mm，淡橙红色。头部梨形，橘红色或黑黄褐色，头端常缩入前胸。胸部淡褐色，前胸最大，前胸背板半骨化，黄褐色，略呈梯形。

（4）**蛹**。长16～28mm，长椭圆形，赤褐色。头端有一尖状突起，色泽较深，具齿状刻纹，背面排列紧密，腹面疏松，背面具锯齿状突起横带，第2～7节各有2条，第8节有一条横隆起带，带有锯齿状刺列。腹部末端有6对短臀刺。

发生规律

豹纹木蠹蛾在各石榴产区1年均发生1代，跨年度完成，完成1代需314～358天，平均336天。以老熟幼虫在被害枝干蛀道内取食越冬，翌年石榴树萌芽后，开始正常取食活动，越冬态不甚明显。幼虫3月上中旬温度15℃以上时开始取食活动。5月上中旬至7月上旬为成虫羽化期，幼虫先在蛀道内吐丝，用碎屑堵塞被害枝两端，并向外咬羽化孔，开始化蛹羽化，高峰期在5月下旬至6月中旬。成虫昼伏夜出，有趋光性。成虫5月中旬至7月中旬产卵，单雌产卵量差异较大，一般200～1200粒，成虫平均寿命在43天，产卵后成虫寿命小于10天。

防控措施

农业防控

（1）**加强管理，增强树势**。加强栽培管理，合理调节肥水，增强树势，提高石榴树抗虫能力。

（2）**刮除粗、老树皮**。石榴树皮粗糙，为豹纹木蠹蛾成虫产卵提供了良好的场所，适当刮除粗、老树皮效果较好。刮皮以刚好刮除粗、老树皮而又未损伤嫩皮为宜，刮下的树皮要集中销毁。

（3）**人工灭杀**。石榴落叶后萌芽前，树冠下挖捡越冬蛹。冬春季节适度灌溉，适量增施氮肥。春季树枝发芽后，及时剪去未发芽枝条，消灭蛀干越冬幼虫。石榴生长期发现嫩梢、幼枝上粘有害虫新鲜粪便或萎蔫、枯枝干应及时剪除，集中销毁。果实采收后，结合整枝剪除被害枝条。幼虫发生期用尖、细、有韧度的铁丝深入虫道刺杀幼虫或蛹，并用泥土堵死洞口使其窒息死亡。

物理防控

豹纹木蠹蛾具有趋光、趋糖酒醋液习性，可利用频振式杀虫灯、黑光灯、糖醋液等诱杀成虫。在成虫羽化期前有电源条件的果园，利用频振式杀虫灯，晚上开灯，白天关灯，可诱杀大量成虫，同时对豹纹木蠹蛾的发生也有监测作用。

化学防控

（1）**喷雾处理**。在成虫产卵期、卵孵化期、初孵幼虫蛀干前期，用2.5%高效氯氟氰菊酯乳油1000～2000倍，或1.8%阿维菌素乳油2000～3000倍，或2.5%多杀菌素悬浮剂1000～1500倍喷雾处理。也可采用毒死蜱、氰戊菊酯、溴氰菊酯、醚菊酯、丁醚脲、多杀霉素、乙基多杀霉素、吡虫啉、螺虫乙酯等药剂喷雾处理，可杀死部分幼虫。

（2）**注射处理**。利用20%吡虫啉可溶性粉剂10倍溶液进行树干注射或打孔插管等措施进行防治。也可采用毒死蜱、螺虫乙酯、阿维菌素等药剂防治。

（3）**封闭处理**。树干上或周围发现新鲜虫粪时，及时找出蛀孔，掏净粪便、木屑等，往孔内塞蘸敌敌畏或樟脑碎粒等，并用黄泥封口。定期检查，若仍有新粪便或木屑，可重复防治1次，以保证效果。

生物防控

（1）**保护、引进自然天敌昆虫**。如小茧蜂、蚂蚁类等，可对豹纹木蠹蛾起到一定抑制作用。

（2）**生物农药**。100亿青虫菌孢子1000倍液每隔10～15天喷药1次，连续喷施2～3次，可有效控制该虫危害。也可采用棉球或火柴头蘸取苏云金芽孢杆菌、球孢白僵菌菌悬液，从排粪孔口处塞入蛀道内，使虫体感染病菌致僵死亡，可控制豹纹木蠹蛾危害。

黄刺蛾

学名： *Cnidocampa flavescens* Walker
科属： 鳞翅目刺蛾科
别名： 刺毛虫、洋辣子、洋拉子、痒辣子、羊辣罐、麻叫子、核桃虫、毒毛虫、刺蛾、八角虫、八角罐、白刺毛、天浆子、枣八角、躁舍、蛄蟖房、雀儿饭瓮、蜮毛虫窠、棘刚子、八脚虎、毛公虫、青辣乌龟、巴家毛子、刺儿老虎等

危害特点

黄刺蛾食性相对复杂，寄主植物多达90余种。可危害石榴、核桃、栗、苹果、梨、桃、李、杏、樱桃、山楂、海棠、枣、柿、柑橘、枇杷、杧果等果树；牡丹、蜡梅、紫薇、紫荆、梅花、海仙花、桂花等花卉；茶树、麻类等经济作物；大叶黄杨、桑树、枫杨、杨树、泡桐、法桐、榆树、油桐、乌桕、楝、栎、刺槐、朴树等林木。危害初期，低龄幼虫一般群集在叶片背面取食叶肉，形成网状透明斑。后期分散危害，幼虫食量大增，危害加重，一般可将叶片全部吃光仅剩叶脉，严重时枝干仅剩光杆，严重影响树势和果实产量。另外，老熟幼虫作茧前常有啃咬树皮习性，可深达木质部，然后作茧越冬。黄刺蛾幼虫枝刺含有毒物质，接触人体皮肤时，皮肤常红肿且痒痛难忍。

形态特征

（1）**成虫**。雌雄个体差异较小，一般雌蛾稍大，体长15～17mm，翅展

黄刺蛾成虫

黄刺蛾茧

刺蛾茧解剖

黄刺蛾老熟幼虫

33～39mm；雄蛾稍小，体长13～15mm，翅展30～32mm。头胸及腹部前后端背面橙黄色或黄褐色。触角灰褐色，丝状。前翅黄褐色，自顶角有1条细斜线伸向中室，斜线内为黄色，外为褐色。后翅为灰黄色。

（2）**卵**。长1.4～1.5mm，椭圆形，扁平，表面有线纹。初期黄白色，后期变为黑褐色，常数十粒块生。

（3）**幼虫**。体长15～25mm，黄绿色，肥大，呈长方形。头小，淡黄褐色。背面有紫褐色大斑，前后宽大，中部狭细，哑铃形，末节背面有4个褐色小斑。胸足极小，腹足退化，第1～7节腹面中部各有1椭圆形吸盘，便于固定在叶片取食，防止掉落。体两侧各有9个枝刺。

（4）**蛹**。长11～15mm，被蛹，椭圆形，黄褐色或淡黄褐色，粗大。蛹被石灰质灰白色钙质茧，上有褐色纵纹，似鸟卵。

发生规律

黄刺蛾在东北、华北地区一般发生1代，在河南、陕西、四川有报道发生2代。该虫以前蛹在枝干上的茧中越冬。总体而言可分为1代区和2代区。1代区一般5月中下旬开始化蛹，蛹期15天左右。6月中旬开始出现成虫，进行交配、产卵，卵期7～10天。成虫昼伏夜出，有趋光性。6月下旬至8月中旬为幼虫发生期。8月中下旬开始结茧越冬。2代地区一般在5月上旬开始化蛹，6月中旬为成虫发生盛期。第二代幼虫在8月上中旬危害最重，8月下旬开始结茧越冬。7、8月份高温干旱常发生严重。

防控措施

农业防控

（1）**人工摘除**。秋冬季节结合修剪，及时摘除并破坏越冬虫茧。夏季低龄幼虫多群集取食，被害叶片呈现白色或半透明斑块，易被发现，及时摘除带虫枝、叶，加以处理，效果明显。

（2）**树干绑草**。黄刺蛾老熟幼虫作茧之前，常沿树干下行，可采取树干绑草等方法及时予以清除。

物理防控

黄刺蛾成虫具较强趋光性，成虫羽化期可在晚上7：00～9：00利用灯光诱杀，并及时处理。

化学防控

幼虫发生初期，利用40%毒死蜱乳油1500～2000倍，或2%甲维盐微乳剂10000倍，或60g/L乙基多杀菌素悬浮剂2000～3000倍进行喷雾处理，也可采用辛硫磷、敌百虫、高效氯氰菊酯、高效氯氟氰菊酯、氰戊菊酯、阿维菌素、甲氧虫酰肼、灭幼脲3号、氯虫苯甲酰胺进行喷雾防治。

生物防控

（1）**保护、引进自然天敌昆虫**。黄刺蛾寄生性天敌种类较多，如刺蛾广肩小蜂、刺蛾紫姬蜂、绒英蜂、绒茧蜂、上海青蜂、黑小蜂、赤眼蜂、爪哇刺蛾姬蜂等。另外，健壮刺蛾寄蝇、螳螂、蝽也有一定效果。

（2）**生物防治**。利用白僵菌、青虫菌、苏云金芽孢杆菌、枝型多角体病毒、黄刺蛾核型多角体病毒、纵带球须刺蛾核型多角体病毒等开展绿色防控，效果较好。

（3）**利用鸟类**。部分鸟类，如大山雀以超强的消灭害虫能力而著称，可对刺蛾类害虫起到一定的控制作用。

鸟类啄食

双齿绿刺蛾

学名： *Latoia hilarata* Staudinger
科属： 鳞翅目刺蛾科
别名： 小青刺蛾、大黄青刺蛾、棕边青刺蛾、棕边绿刺蛾、下黄青刺蛾、洋辣子、痒辣子、刺猬虫、蜇人虫等

①双齿绿刺蛾低龄幼虫危害状
②双齿绿刺蛾成虫

危害特点

双齿绿刺蛾食性相对复杂，寄主植物多达90余种，与黄刺蛾类似。可危害石榴、梨、枣、核桃、栗、苹果、桃、李、杏、樱桃、山楂、海棠、柿、柑橘、枇杷、杧果、槟沙果等果树；紫叶李、樱花等花卉；茶树、麻类等作物；桦树、大叶黄杨、桑树、枫杨、杨树、泡桐、法桐、榆树、油桐、乌桕、楝、栎、刺槐、朴树等林木。危害初期，低龄幼虫一般群集在叶片背面取食下表皮和叶肉，残留上表皮和叶脉成箩底状半透明斑，随着时间的延长，干枯脱落。3龄后分散危害，幼虫食量大增，危害加重，一般可将叶片全部吃光仅剩叶脉，严重时枝干仅剩光杆，一般白天静伏于叶片背面，夜间和清晨活动取食，严重影响树势和果实产量。接触双齿绿刺蛾毒毛后，皮肤红肿，痒痛异常，易引起皮炎，甚至昏迷。

形态特征

（1）**成虫**。体长9～11mm，翅展20～26mm。头部、触角、下唇须褐色，头顶和胸背绿色，腹背苍黄色。前翅绿色，斑纹与中国绿刺蛾近似，前翅基斑略大，外缘棕褐色，边缘为波状条纹，呈三度曲折，可与褐边绿刺蛾区分。基斑褐色和外缘灰褐色，边缘色深。后翅苍黄色，外缘稍带褐色，臀角暗褐色。雌虫触角丝状，雄虫触角栉齿状，栉齿较中国绿刺蛾短。复眼褐色。

（2）**卵**。长0.9～1.5mm，椭圆形，扁平，光滑。初期乳白色，后期变为淡黄色，数十粒排成鱼鳞状。

（3）**幼虫**。体长17～19mm，一般有橙黄色和黄绿色2种色型，圆筒形。头小，胸背板有1对黑斑，背线中线细，天蓝色，中线两侧为蓝绿色连点纹，每节每侧2纹；中、后胸、第6腹节背面各有长枝刺1对。胸足退化，腹足小。各体节上有刺瘤4个，上方有大而明显的黑色绒球壮毒刺丛，中间2个距离较近。该虫突出特点是前3对长枝刺黑色，最后1对长枝刺黄绿色。

（4）**蛹**。长10～11mm，被蛹，扁平椭圆形，黄褐色或淡黄褐色，粗大。蛹被灰褐或棕褐色钙质茧，与寄主树皮色泽一致。

发生规律

双齿绿刺蛾一年发生2代，个体间发育极不整齐。以老熟幼虫在树皮缝、疤痕、枝干下方等位置集中结茧越冬，翌年4月中下旬化蛹，5月中旬开始羽化，6月中下旬出现羽化高峰期，成虫寿命10天左右，昼伏夜出，趋光性强。卵多产于叶背中部主脉附近，成块，形状不规则，多为长圆形，每块10粒左右，单雌产卵量100余粒，卵期7～10天。第1代幼虫发生期6月上旬至8月上旬，低龄幼虫群集危害，3龄后多分散活动，小幼虫啃食叶背，稍大后取食全叶，呈点状局部成灾。7月中下旬幼虫陆续老熟，沿枝干下行寻找适宜部位啃食树皮做茧化蛹，以树干基部和粗大枝叉处较多，常数头群集在一起。第1代成虫于8月初羽化，8月中下旬出现羽化高峰。第2代幼虫发生期在8月中旬至10月下旬，9月底至10月初幼虫陆续老熟下行做茧越冬。

防控措施

农业防控

人工防治。刮出或破坏越冬虫茧。8月上旬至10月下旬低龄幼虫群集危害时摘除带虫枝、叶，加以处理，效果明显。

物理防控

5～6月或8～9月成虫发生期，利用成虫趋光性，在晚上7：00～9：00利用灯光诱杀，并及时处理。

化学防控

幼虫发生初期，利用30%毒死蜱微囊悬浮剂1000～1500倍，或2%甲维盐微乳剂10000倍，或60g/L乙基多杀菌素悬浮剂2000～3000倍进行喷雾处理，也可采用辛硫磷、敌百虫、高效氯氰菊酯、高效氯氟氰菊酯、联苯菊酯、氰戊菊酯、阿维菌素、甲氧虫酰肼、灭幼脲3号、除虫脲、氯虫苯甲酰胺进行喷雾防治。

生物防控

（1）**保护、引进自然天敌昆虫**。利用和保护刺蛾广肩小蜂、紫姬蜂、绒茧蜂、寄蝇、螳螂、猎蝽等开展防控。

①双齿绿刺蛾低龄幼虫
②双齿绿刺蛾老龄幼虫

（2）**生物防治**。10亿PIB/mL斜纹夜蛾核型多角体病毒1000～1500倍进行喷雾处理。也可采用苏云金芽孢杆菌、白僵菌、枝型多角体病毒等推荐浓度和使用方式下处理，开展绿色防控，效果较好。

褐边绿刺蛾

学名： *Latoia consocia* Walker
科属： 鳞翅目刺蛾科
别名： 名褐缘青刺蛾、褐缘绿刺蛾、青刺蛾、四点刺蛾、曲纹绿刺蛾、洋辣子等

危害特点

褐边绿刺蛾食性复杂，其寄主十分广泛。可危害石榴、苹果、梨、海棠、桃、李、杏、梅、樱桃、蓝莓、枣、柿、核桃、板栗、山楂等果树；玉米等作物；大叶黄杨、月季、桂花、牡丹、芍药等园林花卉植物；杨、柳、悬铃木、榆等林木。褐边绿刺蛾常取食植物叶、嫩枝、嫩梢等部位，造成孔洞、缺刻或断梢等现象。影响植物的光合作用，增加水分蒸腾。严重时，常造成枝条甚至是整株枯死，严重影响树势和果实产量。接触褐边绿刺蛾毒毛后，皮肤红肿，痒痛异常，易引起皮炎等。

形态特征

（1）**成虫**。体长15～16mm，翅展约36～40mm。头部、胸部、背部绿色，复眼黑色，胸部中央有1条暗褐色背线。前翅大部分绿色，基部暗褐色，外缘部灰黄色，散布暗紫色鳞片，内缘线和翅脉暗紫色，外缘线暗褐色。腹部和后翅灰黄色。雌虫触角褐色丝状，雄虫短羽毛状。

（2）**卵**。长1.0～1.5mm，椭圆形，扁平，光滑。初期乳白色，后期变为黄绿色或淡黄色，数十粒排成鱼鳞状。

褐边绿刺蛾幼虫

（3）**幼虫**。体长25～28mm，头小，体粗短，略呈长方形，圆柱状。低龄幼虫黄色，随龄期增大变为黄绿色或绿色。前胸盾板有2个横列黑斑，腹部背线蓝色。胴部第二至末节每节有4个毛瘤，其上生一丛刚毛，第四节背面的1对毛瘤上各有3～6根红色刺毛，腹部末端4个毛瘤蓝黑色刚毛丛，呈球状；背线绿色，两侧有深蓝色点。腹面浅绿色。胸足小，无腹足，第1～7节腹面中部各有1个扁圆形吸盘。

（4）**蛹**。长10～16mm，被蛹，椭圆形，黄褐色，粗大。蛹被椭圆形棕色或暗褐色钙质茧，羊粪状。

发生规律

褐边绿刺蛾在华北地区1年发生1代，河南和长江下游地区发生2代，江西发生2或3代。1代区越冬幼虫于5月中下旬开始化蛹，6月上中旬羽化。卵期7天左右。幼虫在6月下旬孵化，8月危害重，8月下旬至9月下旬，幼虫老熟入土结茧越冬。2代区越冬幼虫于4月下旬至5月上中旬化蛹，5月下旬至6月上中旬成虫出现，第1代幼虫发生期在6月下旬至7月份，成虫发生期在8月中下旬。第二代幼虫发生在8月下旬至10月中旬，10月上旬幼虫陆续老熟，在枝干上或树干基部周围的土中结茧越冬。成虫昼伏夜出，有趋光性。羽化后即可交配、产卵，卵多成块产于叶背，每块有卵数十粒作鱼鳞状排列。低龄幼虫有群集性，稍大分散活动危害。

防控措施

农业防控

结合整枝、修剪、除草、清园、松土等，清除枝干、杂草上越冬虫体，破坏地下蛹茧，降低虫源基数。

物理防控

6～9月成虫发生期，利用成虫趋光性，进行灯光诱杀，并及时处理。

化学防控

幼虫发生初期，利用30%毒死蜱微囊悬浮剂1000～1500倍，或5%氯虫苯甲酰胺悬浮剂1500～2000倍，或3.2%甲维盐·氯氰1000～1500倍进行喷雾处理，也可采用辛硫磷、敌百虫、高效氯氰菊酯、高效氯氟氰菊酯、联苯菊酯、氰戊菊酯、阿维菌素、甲氧虫酰肼、灭幼脲3号、除虫脲、氯虫苯甲酰胺进行喷雾防治。

生物防控

（1）**保护、引进自然天敌昆虫**。利用和保护紫姬蜂、寄生蝇、螳螂、猎蝽等开展防控。

（2）**生物防治**。400亿孢子/g球孢白僵菌可湿性粉剂2000～3000倍进行喷雾处理。也可采用苏云金芽孢杆菌、短稳杆菌、白僵菌等开展绿色防控，效果较好。

棉蚜

学名： *Aphis gossypii* Glover
科属： 半翅目蚜科
别名： 腻虫、蜜虫等

危害特点

棉蚜全国各地分布广泛，为世界性重大害虫之一。棉蚜寄主很多，第一寄主，即越冬寄主，主要有石榴、木槿、花椒、鼠李等木本植物，夏枯草、紫花地丁、苦荬菜等草本植物。第二寄主，即夏季寄主，主要有棉花、葫芦科、茄科、豆科、菊科和十字花科植物等。棉蚜是石榴产区的主要害虫之一，可危害新梢、花蕾、果实

棉蚜危害新梢

①棉蚜危害叶片
②棉蚜危害花蕾
③棉蚜危害花朵

①棉蚜危害果实
②蜜露污染

等。以成虫和若虫在石榴上吸食汁液，多栖息在石榴生长点、幼嫩叶片、花蕾上，造成叶片卷缩，果实畸形，影响开花坐果。除此之外，棉蚜为害同时不断分泌蜜露，招致霉菌寄生，影响叶片光合作用和果实的商品价值。

形态特征

（1）**成虫**。①干母。越冬受精卵孵化蚜虫，体长1.5mm，宽卵形，暗绿色、茶褐色，无翅，触角5节，尾片常有毛7根。行孤雌生殖。②有翅棉蚜。体长1.2～1.9mm，黄色、浅绿色、青色、深绿色、绿色、暗绿色、蓝黑色等，体色多变，与寄主作物和生活环境等有关。夏季以黄色居多，体表覆以薄蜡粉。前胸背板黑色，触角6节，翅2对，透明。③无翅棉蚜。体长1.5～1.9mm，卵圆形。体色有黄、青、深绿、暗绿等色，触角5～6节，复眼暗红色；腹管较短，黑青色。尾片青色，两侧各具刚毛3根，体表有白蜡粉。

（2）**若蚜**。①有翅若蚜。夏季为淡黄色或淡红色，秋季为灰黄色或蓝黄色。胸部两侧有短小呈黑色的翅芽，虫体被蜡粉。在第1、6腹节的中侧和第2、5腹节的两侧各有白色圆斑一个。于第一次脱皮出现翅芽，脱皮4次变成有翅胎生雌蚜成虫。②无翅若蚜。夏季为淡黄色或黄绿色，秋季为灰黄色或蓝灰色，复眼红色，无尾片。经4次蜕皮变为无翅胎生雌蚜成虫。

（3）**卵**。长0.5～0.7mm，宽0.23～0.36mm，初产时橙黄色，逐渐变为深绿色，

有翅棉蚜

最后变漆黑色，有光泽。卵产在越冬寄主的叶芽附近。

发生规律

棉蚜一年发生十几到30多代，根据地域不同由北往南逐渐增加。以卵在木本寄主枝条或草本植物基部越冬。一般4月份开始孵化并为害。棉蚜繁殖能力极强，平均气温稳定在12℃以上时开始繁殖。夏季1代4～5天，每龄仅需1天。一头雌蚜一生可产若蚜60～100多头。棉蚜喜群集。因地域和寄主植物的种类不同，棉蚜的生活史周期有三种类型：同寄主全周期型、异寄主全周期型、不全周期型。北方石榴产区，石榴上的棉蚜是同寄主全周期型，即石榴是棉蚜越冬寄主和夏季寄主。越冬卵早春孵化后，个体在石榴上生活而不迁移。秋末发生1代有性的雌蚜、雄蚜，交配产卵越冬。南方石榴产区，如四川、云南等，石榴上棉蚜同寄主全周期型和不全周期型共存。棉蚜喜干燥温暖气候，大雨对蚜虫密度有一定的抑制作用。棉蚜在石榴上的危害主要发生在4～5月和9～10月，其他时间危害稍轻。

防控措施

农业防控

采用间作、套种种植模式，创造天敌自然控制棉蚜的条件。

物理防控

有翅蚜虫发生期田间悬挂黄色粘虫板，开展物理防控。

化学防控

棉蚜发生初期，利用22%氟啶虫胺腈悬浮剂4000～6000倍，或240g/L螺虫乙酯4000～5000倍，或2%阿维·吡虫啉乳油1000～1500倍于4月上中旬至5月上旬棉蚜发生高峰期喷雾防治效果更好。也可采用高效氯氰菊酯、高效氯氟氰菊酯、氰戊菊酯、抗蚜威、啶虫脒、吡虫啉、吡蚜酮等防治效果较好。

生物防控

棉蚜天敌主要有寄生蜂，如棉蚜茧蜂、印度蚜茧妇蜂等；捕食性瓢虫，如七星瓢虫、龟纹瓢虫等；食蚜蝇、小花蝽、草蛉、蜘蛛、蚂蚁等。其中食蚜蝇、草蛉控制作用较大。

①棉蚜天敌——食蚜蝇
②棉蚜天敌——草蛉
③棉蚜天敌——瓢虫

石榴绒蚧

学名： *Eriococcus legerstroemiae* Kuwana
科属： 半翅目绒蚧科
别名： 石榴毡蚧、石榴棉蚧、石榴绒蚧、榴绒粉蚧、紫薇绒粉蚧、紫薇绒蚧、袋蚧等

危害特点

石榴绒蚧主要危害石榴、紫薇、木槿等，是石榴的主要枝干害虫之一，部分地区危害极其严重。除新疆、西藏未见报道外，全国各石榴产区均有发生。该虫可危

石榴绒蚧茧壳

石榴绒蚧分泌物诱发的煤污病

害枝、芽、叶、果等，以对枝干危害最重。主要以成虫、若虫吸食叶片、幼芽、枝干和果实等汁液，使叶片枯黄，提早落叶，影响石榴正常生长和开花结果，常严重削弱树势，造成石榴减产或口味变差。除此之外，石榴绒蚧分泌物易诱发煤污病，使枝叶变黑、叶片脱落，严重时可造成整株死亡，失去观赏价值和经济价值。据报道，石榴绒蚧株受害率在6%以上。

形态特征

（1）**成虫**。雌成虫长2.0～3.0mm，扁平，长椭圆形，暗紫色或紫红色。老熟幼虫包被白色绒茧，外观如白色米粒。雄虫长约1mm，紫红色，翅1对。

（2）**卵**。长0.25mm，卵圆形，紫红色。

（3）**幼虫**。椭圆形，紫红色，虫体边缘有刺突。

（4）**蛹**。雄蛹，长卵圆形，紫褐色，包被袋状茧。

①石榴绒蚧成虫
②茧蜂

发生规律

石榴绒蚧在北京、河北、山西等地1年发生2代，黄淮地区1年发生3代。以受精雌成虫和若虫在树皮缝内越冬，世代重叠严重。翌年3月中下旬为第1代若虫孵化盛期，是该虫防治关键时期。第2、3代若虫孵化盛期分别发生在6月和8月。4～10月均有此虫为害，以8月为害最为严重。10月中下旬产卵越冬，雌成虫老熟时分泌白色绵状蜡囊，把虫体包裹在囊中，产卵于内部。11月上旬进入越冬状态。

防控措施

农业防控

加强树体养护，及时刮除、剪掉有虫枝条。

化学防控

越冬期利用95%矿物油乳油（蚧螨灵）50～60倍液喷雾处理，防治越冬虫体，并兼治其他越冬害虫。若虫盛孵期或发生严重时，可利用40%毒死蜱微乳剂1500～2000倍，或25%噻嗪酮可湿性粉剂1000～2000倍，或10.5%高氯·啶虫脒乳油3000～4000倍液每7天喷雾1次，连喷2～3次即可。也可采用高效氯氟氰菊酯、高效氯氰菊酯、吡虫啉、噻嗪酮、氟啶虫胺腈等药剂进行处理。

生物防控

（1）**保护、助迁和利用优势天敌**。如豹纹花翅蚜小蜂、短角跳小蜂、红点唇瓢虫、红环瓢虫、中华草蛉和茧蜂等。

（2）**生物药剂**。可采用0.5%藜芦碱可溶液剂500～1000倍，或0.5%苦参碱水剂100～150倍，或400亿孢子/g球孢白僵菌可湿性粉剂2000～3000倍液喷雾处理。

草履蚧

学名： *Drosicha corpulenta* Kuwana
科属： 半翅目绵蚧科
别名： 日本草履蚧、日本履绵蚧、柿草履蚧、草履硕蚧、草鞋介壳虫、草鞋底、草鞋蚧、草鞋虫、桑虱、树虱子等

危害特点

草履蚧寄主十分广泛，可危害石榴、梨、苹果、海棠、桃、山楂、杏、李、樱桃、柿、枣、栗、核桃、柑橘、荔枝、无花果等果树；白蜡、樱花、紫薇、月季、红枫等园林植物；椿树、柳树、杨树、枫杨、桐树、刺槐等林木。草履蚧主要以若虫、成虫成堆聚集在芽腋、嫩梢、叶片、枝干等位置吮吸汁液，造成植株生长不良，甚至枯死。受害石榴树发芽推迟，树势衰弱，枝梢枯萎，出现早期落叶现象，

草履蚧危害状

草履蚧雌成虫　草履蚧雄成虫

受害严重时可造成植株成片死亡，严重威胁石榴生产和观光石榴园的绿化景观形成。除此之外，草履蚧排泄物分泌量大，对环境也造成一定的污染。草履蚧已经成为我国果园中重要的虫害之一，不仅危害面积大，寄主范围广，且防治难度大。

形态特征

（1）**成虫**。雌成虫体长9～12mm，无翅，椭圆形，背面隆起似草鞋，棕褐至红褐色，其上有白蜡粉和微毛。足黑色，粗大。体扁，沿身体边缘分节较明显，呈草鞋底状。触角8节，节上多粗刚毛；雄体长5～6mm，翅展10mm左右，头胸黑色，腹部深紫红色，触角念珠状10节，黑色，略短于体长。前翅紫黑至淡紫黑色，半透明，翅脉2条，前缘略红，后翅退化为平衡棒。

（2）**卵**。长1.0～1.2mm，椭圆形，光滑，初期为橘红色，有白色絮状蜡丝包裹卵囊，每囊有卵数十到百余粒不等。

（3）**幼虫**。体型与雌成虫类似，初孵化时为棕黑色，腹面较淡，触角棕灰色，唯第三节淡黄色，较明显。

（4）**蛹**。雄蛹，长5～6mm，棕红色至褐色，圆筒形，白色薄层蜡茧包裹，有明显翅芽。

发生规律

草履蚧1年发生1代，以卵或1龄若虫在寄主植物根部周围土中的卵囊内越冬或越夏。翌年1月下旬至2月上旬，在土中开始孵化，能抵御低温。孵化期要延续1个多月。随温度上升开始出土上树，出土盛期在2月中旬至3月中旬。若虫多在10:00～14:00前后沿树干爬到嫩枝的顶芽叶腋和叶腋间，待初展新叶时开始固定刺吸为害。3月下旬至4月上旬第1次蜕皮，分泌蜡粉并扩散为害。雄虫4月下旬第2次蜕皮后陆续转移到树皮裂缝、树干基部、杂草落叶中、土块下等处，分泌白色蜡质薄茧化蛹。5月上旬至6月上旬成虫羽化。羽化期较整齐。雄虫飞翔力不强，略有趋光性，羽化后即觅偶交配，寿命2～3天。雌虫3次蜕皮后变为成虫，自树干顶部陆续向下移动，交配后沿树干下爬到根部周围的土层中产卵。单雌卵量100～180粒，卵产在白色绵状卵囊中，以卵越夏过冬。草履蚧若虫、成虫的虫口密度高时，常群体迁移，爬满墙面和地面，引发恐慌。

防控措施

农业防控

（1）**加强园区管理**。冬季对植株进行修剪，应注意清园，消灭在枯枝、落叶、杂草及表土中越冬虫源，降低害虫基数。

（2）**树干涂白**。对树干涂白，以减少草履蚧为害。

物理防控

可通过树干缠绑胶带、杀虫带、杀虫胶等阻止若虫上树为害。

化学防控

（1）2月中旬至3月中旬喷施30号机油乳剂、棉油皂液、洗衣皂液等防治草履蚧若虫危害。

（2）若虫为害初期或发生严重时，可利用4.5%高效氯氰菊酯1000～1500倍，或200g/L吡虫啉可溶性液剂4000～6000倍，或40%毒死蜱微乳剂1500～2000倍每7天喷雾1次，连喷2～3次。也可采用高效氯氟氰菊酯、氰戊菊酯、西维因、杀螟松、噻嗪酮等药剂推荐剂量下喷雾处理。

（3）低矮树体用喷雾方式防治，高大树体可使用吊注、插瓶方式防治。

生物防控

保护、助迁和利用优势天敌开展生物防控。如红环瓢虫、红点唇瓢虫、寄生蝇和捕食螨等。

龟蜡蚧

学名： *Ceroplastes japonicus* Green
科属： 半翅目蜡蚧科
别名： 日本龟蜡蚧、日本蜡蚧、枣龟蜡蚧、枣龟甲蚧、树虱子等

危害特点

龟蜡蚧在中国分布极其广泛，寄主植物多达100多种，食性很杂，繁殖力强。可危害石榴、桃、樱桃、苹果、梨、李、杏、山楂、板栗、柿子、枣、无花果、猕猴桃、枇杷、柑橘、杧果等果树；绣线菊、马蹄莲、玫瑰、白兰、含笑、木兰、山茶、小檗、海桐、樱桃、红叶李、垂丝海棠、麻叶绣球、石楠、毛豆梨、碧桃、火棘、贴梗海棠、月季、樱花、连翘、水蜡、迎春、女贞、桂花、枫香、珊瑚、锦带花、金银木、夹竹桃、紫薇、重阳木、白玉兰、广玉兰、栀子花、六月雪、鸡爪槭、三角枫、枸骨、冬青、大叶黄杨、七叶树、菠萝花、天竺葵、瓜子黄杨、凌霄、杜仲、紫荆、紫藤、合欢、构树、芍药、胡颓子、枫杨、唐菖蒲、杜英、月桂、毛叶大理、榉树、西府海棠、春梅、花桃、紫玉兰、木瓜、纹母、丝棉木、盐肤木、木瓜海棠、大叶米兰、红枫、元宝槭、木本绣球、阴香、蜡梅等园林植物；法桐、白杨、毛白杨、欧美杨、悬铃木、榆树、大叶柳、河柳、垂柳、龙爪槐、白蜡、喜树、杉、罗汉松、五针松、马尾松、雪松、黑松、金钱松、香樟等林木。石榴受害时枝条、叶片布满虫体，大量汲取石榴植株汁液，造成树体衰弱。一般虫株占20%～40%，高者60%～80%，严重者100%，枯死树约占10%。1～2年生50cm长枝条上越冬虫体80～150头。除此之外，龟蜡蚧生长发育过程中分泌蜜露，可引起煤污病，受害枝叶变黑，使植株受病虫双重危害，且影响石榴植株的光合和呼吸作用，加速植株衰弱，造成落叶、落果现象，甚至出现小枝枯死现象。在果树混栽地区，龟蜡蚧在寄主间可互相传播，给彻底防治带来相当大的难度。

形态特征

（1）**成虫**。雌成虫长4～5mm，卵圆形，紫红色。触角5～7节，足发达。体背有较厚的白蜡壳，背面隆起似半球形，中央隆起较高，表面具龟甲状凹纹，边缘蜡层厚且弯卷由8个小隆起。活虫体背面淡褐至紫红色，边缘乳白，死后淡红色消失，初淡黄后现出虫体呈红褐色。雄成虫小，约为雌成虫的3～5倍，体长1～1.4mm，淡红至紫红色，眼黑色，触角丝状，10节。翅1对，白色透明，具2条粗

①龟蜡蚧枝干危害状
②龟蜡蚧叶片危害状

脉。足细小，腹末略细，性刺色淡。

（2）**卵**。椭圆形，长0.2～0.3mm，初淡橙黄后紫红色。

（3）**若虫**。初孵体长0.4mm，椭圆形，扁平，淡红褐色，触角和足发达，灰白色，腹末1对长毛。固定1天后分泌蜡丝，7～10天形成蜡壳，周边有12～15个蜡角。后期蜡壳加厚，雌雄形态分化，雄与雌成虫相似，雄蜡壳长椭圆形，周围有13个蜡角，星芒状。

⑷**蛹**。仅雄虫具有蛹期。蛹长0.8～1.3mm，红褐色，裸蛹，圆锥形，性刺笔尖状。

发生规律

1年1代，以受精雌成虫密集在1～2年生小枝上越冬，每头雌虫产卵300～3100粒，越冬雌成虫3～4月间开始取食为害，4月中下旬虫体迅速增大，5月中下旬开始产卵，卵期长达25～30天。6月中旬进入产卵盛期，6中下旬开始孵化。若虫6月下旬开始发生，多爬到叶脉两侧危害，数日后即分泌蜡质，形成介壳，固定不动。雄性若虫8月上中旬开始化蛹，蛹期15天左右，8月下旬至9月上旬羽化为成虫，与雌虫交尾后即死亡。雌若虫在叶上为害至8月上中旬，而后开始陆续蜕皮为成虫，交尾后迁移到1～2年生枝条上固定为害至11月越冬。

龟蜡蚧虫体多分布于树冠外围，尤其是树冠下部、徒长枝、内膛枝上较多，树冠内层较少。

卵孵化期，遇雨水多、空气湿度大、气温适宜情况下，卵孵化率和若虫存活率均较高，可达100%，当年危害重。相反，该时期雨水较少、气温高、干燥情况下，卵和初孵若虫死亡率高，该年危害就轻。雌成虫越冬期间，雨雪较多，枝条出现冰凌的情况下，自然死亡率高。

防控措施

农业防控

（1）**加强检疫**。做好苗木、接穗、砧木检疫消毒工作，加强苗木引入及输出时的检疫工作。

（2）**修剪**。及时修剪枯枝、病虫枝、过密枝条、徒长枝、内膛枝等，改善通风透光条件，抑制龟蜡蚧的生长发育。

（3）**施肥**。增施氮、磷、钾、微肥、菌肥等，增强石榴树势。

物理防控

（1）**木棍敲打**。冬季枝条上结冰或出现雾凇现象时，用木棍敲打树枝，虫体随冰凌而落，导致死亡。

（2）**刷除处理**。危害较重时随时刷除虫体。

化学防控

石榴落叶初期或发芽前期喷10%柴油乳剂，混用化学药剂效果更好。卵孵化率达40%～50%时，使用40%毒死蜱10倍液树干涂环防治，效果很好。卵孵化盛期或翌春雌虫产卵前期进行树干包扎，用50%西维因可湿性粉剂50倍液。先刮除老树皮，露出韧皮组织，宽10cm，然后绑卫生纸或瓦片纸等4～5层，纸上喷药液湿透，外裹地膜，使药剂通过韧皮组织传到枝叶，毒杀虫体。6月下旬至7月上旬若虫孵化基本结束时，是防治最佳时期，主要采取树冠喷雾法，即在若虫未被蜡之前，喷洒1.8%阿维菌素2000～3000倍，或40%毒死蜱微乳剂1500～2000倍，或10%吡虫啉可湿性粉剂2000～3000倍等均可。在药液中混入 0.1%～0.2%中性洗衣粉可有效提高防治效果。另外，虫口密度较大时，喷药前可先用毛刷等刷擦，破坏虫壳，以利于药液渗入。每隔10天左右喷雾处理1次，连续防治2～3次，期间交替用药，以提高药效和降低抗药性产生风险。对于高大的石榴树在生长前期防治介壳虫时可采用浇根法或注干吊瓶输液法，后期不宜采用此法。

生物防控

（1）**保护、助迁和利用优势天敌**。如蜡蚧扁角小蜂、蜡蚧扁角（短尾）跳小蜂、扁角跳小蜂、赖食软蚧蚜小蜂、单带巨角跳小蜂、花翅跳小蜂、黑色软蚧小蜂、日本蚧小蜂、啮小蜂、红点唇瓢虫、异色瓢虫、二星瓢虫、蒙古光瓢虫等。

（2）**生物药剂**。可采用0.5%苦参碱水剂100～150倍，或400亿孢子/g球孢白僵菌可湿性粉剂2000～3000倍液喷雾处理安全有效。

康氏粉蚧

学名： *Pseudococcus comstocki* Kuwana
科属： 半翅目粉蚧科
别名： 梨粉蚧、桑粉蚧、李粉蚧等

危害特点

康氏粉蚧可危害石榴、苹果、梨、桃、李、枣、杏、山楂、葡萄、核桃、板栗、柿、无花果、梅、柑橘、柚子、橙子、金橘、荔枝等果树；佛手瓜等蔬菜；玉米、高粱、瓜类、番茄等农作物；君子兰、茉莉、麒麟掌、竹节万年青、常春藤等花卉；金叶女贞、榆树、桑树、刺槐、樟树、糖槭等园林植物；康氏粉蚧喜欢在阴暗处活动，套袋内是其繁殖、为害的最佳场所，树冠郁闭的果园发生较重，尤其树冠中下部及内膛发生更重。康氏粉蚧以成虫和若虫刺吸危害果树主干、嫩枝、叶

①康氏粉蚧果实危害状
②康氏粉蚧煤污病

①

②

片、果实、愈伤组织和根系等部位，被害部位常出现失绿、肿胀、树皮开裂、干枯，甚至导致全株死亡。嫩枝受害后可引起叶片干枯脱落。果实受害部位主要是果萼和梗洼处，受害严重的果萼早期干枯脱落，萼洼处产生很多黑色或褐色锈斑。若虫分泌黏液，引起果实的煤污病，大大降低果实的品质。除此之外，康氏粉蚧若虫身体产生很多蜡丝，长大后体表面被有白色蜡质物，起到阻断虫体和药物接触的作用，给防治带来困难。近年来，随着套袋栽培模式的推广及应用，康氏粉蚧危害尤为严重。套袋前康氏粉蚧主要危害嫩芽、嫩梢，造成叶片扭曲、肿胀、皱缩，致使枝枯。套袋后钻入袋内危害果实，群居在萼洼和梗洼处，分泌白色蜡粉，污染果实，引起霉病发生；吸取汁液，造成组织坏死，出现大小不等的黑点或黑斑，甚至腐烂，失去商品价值和食用价值。据山东蒙阴地区调查发现，套袋果平均受害率为26.8%，严重者在50%以上。康氏粉蚧繁殖速度较快，每头雌虫1次可产卵38～400粒。初孵幼虫有聚集习性，5～7天后逐渐扩散为害。

形态特征

（1）**成虫**。雌成虫体长5mm，宽约3mm，扁椭圆形，淡粉红色，体表被有白色蜡粉，体缘具17对白色蜡丝，蜡丝基部较粗，向端部渐细。体前端的蜡丝较短，向后渐长，最后1对最长。触角丝状，7～8节，末端黑色。眼半球形，足较发达，疏生刚毛。肛环椭圆形，上有2列小圆孔和6根刚毛。雄成虫体长1.0～1.2mm，翅展约2mm，紫褐色，触角和胸背中央色淡，单眼紫褐色，前翅发达透明，后翅退化为平衡棒。

（2）**卵**。椭圆形，长0.3～0.4mm，淡橙黄色，数十粒集中成块，外覆白色蜡粉，产于白色絮状卵囊内。

（3）**幼虫**。幼虫雌3龄，雄2龄。1龄幼虫椭圆形，长0.5mm，淡黄色，体侧布满刺毛；2龄幼虫体长1mm，被白蜡粉，体缘出现蜡刺。3龄幼虫体长1.7mm，与雌成虫类似。

（4）**蛹**。仅雄虫具有蛹期。裸蛹，长1.2mm，淡紫色。茧长椭圆形，长2.0～2.5mm，白色，棉絮状。

发生规律

康氏粉蚧在北京、河北、河南、山西、山东、云南等地1年发生3代。对越冬卵分布情况调查发现，树干周围0～50cm数量最多，老翘皮下数量中等，树裂缝、锯口处皮缝、伤口愈伤组织周围、残留果袋内均有发现。第1代若虫发生盛期为5月中下旬，6月上旬至7月上旬陆续开始羽化，交配产卵。7月中下旬康氏粉蚧雌虫在树干上爬行，寻找合适位置产卵，该期部分雌虫沿树干下树在土壤缝隙或其他能隐藏的地方产卵，康氏粉蚧成虫、若虫均喜爱遮阴、黑暗场所。因此，套袋果实比较适合康氏粉蚧产卵和繁殖，造成套袋果实受害较重。第2代若虫6月下旬至7月下旬孵化，盛期在7月中下旬，8月上旬至9月上旬羽化，交配产卵。第3代若虫8月中旬开始孵化，8月下旬进入盛期，9月下旬开始羽化，交配后经短时间取食，下树寻找越冬场所，分泌卵囊产卵越冬。该虫第1代危害枝干，第2、3代以果实为主，可随时活动转移为害。

防控措施

农业防控

（1）**加强检疫**。调运苗木、接穗等繁殖材料，应加强检疫，防止害虫传播蔓延。

（2）**春季深翻与秋季束草**。春季深翻树冠下及干基部，消灭土中越冬卵。秋季树干束草诱集雌成虫产卵，冬季结合刮树皮连同束草集中处理或深埋，消灭越冬卵。

物理防控

初期点片发生时，人工刷抹康氏粉蚧危害部位。

化学防控

防治康氏粉蚧的关键时期是在每代若虫的孵化盛期，此时若虫体表分泌的蜡粉较少，药液容易渗透到害虫体内，防治效果较好。控制住第1代若虫，可以有效降低虫口基数，减轻后期的危害。萌芽至开花期是第1代若虫孵化期，为化学防治的关键期。可选择40%毒死蜱乳油1000～2000倍，或25%噻嗪酮可湿性粉剂800～1000倍，或20%噻嗪·哒螨灵乳油800～1000倍等喷雾防治，降低危害。另外，在雨季来临前后，围绕树颈基部环状撒施5%毒死蜱颗粒剂，每株树施用60g左右，以杀死土块缝隙周围孵化的第1代若虫。落花至幼果期套袋前采用10%吡虫啉可湿性粉剂1000～1500倍，或25%噻嗪酮可湿性粉剂800～1000倍喷雾处理，杀灭幼果害虫，减轻套袋后害虫对果实的危害。果实膨大期及成熟期可选择喷施2.5%溴氰菊酯乳油2000～3000倍，或10%吡虫啉可湿性粉剂1000～1500倍初孵幼虫危害。落叶至休眠期枝条修剪后，立春发芽前地面、树体喷施3～5波美度石硫合剂杀灭越冬卵。

生物防控

（1）**保护、助迁和利用优势天敌**。捕食康氏粉蚧的天敌昆虫主要有日本方头甲、二星瓢虫、红环瓢虫、四斑红瓢虫、红点唇瓢虫、黑缘红瓢虫、异色瓢虫、圆斑弯叶毛瓢虫、中华草蛉等。寄生康氏粉蚧天敌昆虫主要有粉蚧长索跳小蜂、龟蜡蚧花翅跳小蜂、粉蚧玉棒跳小蜂等。

（2）**生物药剂**。可采用400亿孢子/g球孢白僵菌可湿性粉剂2000～3000倍液喷雾处理，安全有效。

斑衣蜡蝉

学名： *Lycorma delicatula* White

科属： 半翅目蜡蝉科

别名： 椿皮蜡蝉、斑蜡蝉、斑衣、得鸡、樗鸡、红娘子、花大姐、花姑娘、花蹦蹦、椿蹦、椿姑娘、灰花蛾等

危害特点

斑衣蜡蝉杂食性，寄主植物范围较广。可危害石榴、葡萄、猕猴桃、樱桃、苹果、海棠、山楂、桃、杏、李、枣、核桃等果树；花椒、桑、麻、枸杞等经济作物；紫叶李、丁香、臭椿、香椿、千头椿、刺槐、国槐、苦楝、楸、杨树、黄杨、柳树、榆树、栎树、枫树、青桐、白桐、泡桐、柽柳、悬铃木、女贞、合欢、火炬树、白蜡、珍珠梅、丝棉木等园林树种。斑衣蜡蝉卵块表面覆盖一层似泥土样的灰色粉状蜡质，不易被雨水冲掉。若虫、成虫具有群栖性，均喜聚集在嫩枝或叶片背面，以叶基为多，飞翔力较弱，跳跃能力极强。遇到外界惊扰即快速移动或跳飞。成虫、若虫均刺吸植物嫩叶、枝干汁液，所造成的伤口比较深，能从肛门排出透明的蜜露，使枝、干、叶和地面湿润常招致蜜蜂、蚂蚁及蝇类舐食，容易导致煤污病发生，影响植物的光合作用。嫩叶受害后常萎缩变形，严重的叶片破裂，树皮干裂，甚至死亡。斑衣蜡蝉分布较广，迁飞性强，且寄主较多，是危害多种果树的重要刺吸性害虫之一。

形态特征

（1）**成虫**。雄虫体长13～17mm，翅展40～44mm。雌虫体长17～21mm，翅展50～52mm。翅膀颜色偏蓝为雄性，翅膀颜色偏米色为雌性。体隆起，头部小，头顶向上翘起呈短角型。触角在复眼下方，红色，刚毛状，基部膨大呈卵形，鞭节细小。前翅革质，基部2/3淡褐色，上有黑点10～20余个，端部1/3黑色，脉纹呈灰白色。后翅膜质，扇状，基部一半红色，有黑色斑6～7个，翅中有倒三角形的白色区，翅端及脉纹为黑色，翅上常有白蜡。

（2）**卵**。长圆柱形，长约3mm，宽1.5～2.0mm，初产为灰白色，后变为褐色。表面覆有一层土灰色粉状疏松的蜡质，内为排列整齐的卵。卵背面两侧有凹入线，使中部形成1长条隆起，隆起的前半部有长卵形的盖，前端作角状突出，卵前面平截或微凹，后面钝圆形，腹面平坦。

（3）**若虫**。一般可分为4个龄期。

①斑衣蜡蝉成虫
②斑衣蜡蝉卵块
③斑衣蜡蝉卵壳

1龄若虫：体长4.0mm，宽约2.0mm，体背有白色蜡粉形成的斑点，头顶有脊起3条。触角黑色，具有长形冠毛，为触角长的3倍。

2龄若虫：体长7.0mm，宽3.5mm，触角鞭节细小，冠毛短，略较触角长，体型与1龄若虫相似。

3龄若虫：体长10.0mm，宽4.5mm，背部白斑明显，头部比2龄若虫稍长，触角

①斑衣蜡蝉低龄若虫
②斑衣蜡蝉高龄幼虫
③ 4 龄若虫

鞭节细小，冠毛长度与触角3节的和相等。

4龄若虫：体长13mm，宽6mm，翅芽明显，体色为鲜红色，有白点，头部最前的尖角、两侧及复眼基部黑色。有明显的翅芽。

发生规律

斑衣蜡蝉1年发生1代，以卵在寄主的枝干上越冬。翌年4月中旬后陆续孵化为若虫。5月上旬为盛孵期。若虫喜欢群集在植物的嫩茎和叶子背面为害，受到惊扰即跳跃逃避。若虫期50～65天，蜕皮3次，若虫共4龄。6月中旬至下旬即羽化为成虫，7月下旬达到羽化高峰期。8月下旬成虫开始交尾、产卵，直到10月下旬。成虫寿命长达4个月，为害至10月下旬陆续死亡。

防控措施

农业防控

（1）石榴建园时，不与臭椿和苦楝等寄主植物邻作，降低虫源密度减轻危害。

（2）结合修剪，剪除或刮除枯枝、丛枝、密枝、不定芽和虫枝上的卵块，集中处理，增加树冠通风透光，降低果园湿度，减少虫源。

物理防控

（1）**人工捕捉**。产卵期成虫行动迟缓，极易捕捉，人工捕杀成虫可有效降低害虫数量。

（2）**人工刮除**。冬春季节人工刮除或破坏卵块，降低虫害基数。

化学防控

4月中下旬斑衣蜡蝉若虫孵化初期，喜欢聚集在嫩梢上为害取食，此时龄期小，抗药性低，是防治的最佳时期。可选用90%晶体敌百虫1000～2000倍，或5%啶虫脒乳油1500～2000倍，或2.5%高效氯氟氰菊酯水乳剂2000～3000倍，每隔7～10天喷施1次，连续2～3次，效果较好。若虫期虫被蜡粉，药液添加0.3%柴油乳剂或0.2%洗衣粉或洗衣液可有效提高防治效果。

生物防控

保护和利用捕食性或寄生性天敌控制斑衣蜡蝉。如捕食性天敌——螯蜂控制斑衣蜡蝉1、2 龄若虫效果显著。另外，平腹小蜂可寄生斑衣蜡蝉的卵，可对其起到一定的控制作用。

山东广翅蜡蝉

学名： *Ricania shantungensis* Chou et lu
科属： 半翅目广蜡蝉科

危害特点

山东广翅蜡蝉寄主植物多达40余种。可危害石榴、山楂、苹果、桃、葡萄、李、梅、杏、柿、樱桃、枣、酸枣、板栗、柑橘、杨梅等果树；棉、桑、茶、油茶、黄麻、大豆、玫瑰、迎春花、桂花、杨柳、油桐、咖啡、可可、苦丁茶等作物；蜡梅、洋槐、香椿、喜树、臭椿、杜英、樟树、鹅掌楸、水杉、水蜡、含笑、枫香等林木。山东广翅蜡蝉近年来在全国各地均有发生报道，石榴是其寄主之一。该虫以成虫、若虫刺吸寄主枝梢、叶片、芽及花蕾的汁液，致使嫩枝生长不良、萎

山东广翅蜡蝉产卵危害状

蔫或枯萎，叶片发黄并脱落，芽及花蕾枯萎。雌成虫产卵于枝条内，造成枝条损伤开裂，伤口处易折断或其上部分枯死，并易受病原物的侵染引起病害的发生，严重影响石榴的产量和质量。山东广翅蜡蝉排泄物黏稠，易引发煤污病，引起叶片光合作用减退甚至落叶，致使产量和果实品质严重下降。

形态特征

（1）**成虫**。雄成虫体长7.0～8.4mm，翅展23.0～25.4mm；雌成虫体长8.2～9.0mm，翅展27.0～30.0mm。体褐色至黑褐色，背面和前端稍深，常被锈褐色蜡粉，腹面和后端略呈黄褐色。头宽稍小于胸部，复眼红褐色或黑褐色，触角刚毛状。唇基无脊。二边点刻甚明显。中胸背板长，具纵脊3条，中脊长而直，侧脊从中部向前分叉，二内叉内斜端部互相靠近，外叉短，基部略断开。前翅淡褐色至黑褐色，被锈褐色蜡粉，前缘域与外缘域色较深，前缘外方1/3处有一纵向“半圆形”半透明淡黄褐色斑点，内缘呈弧度，左右对称。后翅淡烟褐色或褐色，半透明，后缘色稍浅，前缘基部呈黄褐色。后足胫节外侧具刺2个。

（2）**卵**。长1.29～1.34mm，宽0.54～0.63mm，长椭圆形或长肾脏形，微弯，一端稍尖。卵初产时为白色或乳白色，近孵化时变为褐红色。双行互生倾斜排列于嫩枝、叶脉或叶柄组织内，每行5～35粒。

（3）**若虫**。1龄体长1.0～1.4mm，3龄体长2.9～3.2mm，5龄体长可达4.9～5.5mm。初孵若虫淡绿色，后变为浅白色，最后变为黄褐色。若虫擅跳跃，尾

山东广翅蜡蝉成虫

①山东广翅蜡蝉卵
②山东广翅蜡蝉若虫

部上端丛生蜡毛，可控制弹跳方向，受惊蜡丝上翘形如“孔雀开屏”。腹部末端无色透明泌腺孔两对，能分泌含糖黏液。

发生规律

山东广翅蜡蝉北方地区1年发生1代，浙江、湖北等地区1年发生2代，部分地区1年发生3代以上，有世代重叠现象。北方地区山东广翅蜡蝉以卵在植物叶柄、叶背主脉和枝条内越冬，翌年5月卵开始孵化，7月下旬成虫羽化，8月中旬为羽化盛期，8月下旬开始产卵，9月下旬至10月上旬为产卵盛期。浙江、湖北等地区第1代若虫4月上旬孵化，6月上旬第1代成虫羽化，6月中下旬为羽化盛期。7月中旬第2代若虫开始孵化，8月中旬第2代成虫开始羽化。成虫寿命一般7～8天，1龄若虫历期16～18天，2龄12～16天，3龄7～10天，4龄13～17天。低龄若虫活动性强，至5龄羽化前两天，不善爬行、弹跳，呆滞状排列在枝叶阴暗处并停止取食。成虫极善跳跃，迁移扩散能力很强，具趋光性。山东广翅蜡蝉喜欢在阴暗潮湿的环境中生存，雌成虫交配后数小时即行产卵，初孵若虫常群集于卵块周围的叶背或枝梢处，至3龄后分散吸食危害嫩叶、枝梢和花蕾。

防控措施

农业防控

合理增施基肥，恢复和促进植株长势，结合田间管理，清除杂草，冬季剪除带卵枝集中烧毁或深埋，以减少虫源。

物理防控

在害虫盛发期（6～11月），可通过悬挂频振式诱虫灯诱杀成虫。

化学防控

若虫盛发期可采用4.5%高效氯氰菊酯乳油1000～1500倍，或25%噻嗪酮可湿性粉剂1000～2000倍，或40%联苯·噻虫啉悬浮剂3000～5000倍进行喷雾处理。也可采用毒死蜱、氰戊菊酯、联苯菊酯、高效氯氟氰菊酯、灭多威、吡虫啉、啶虫脒等推荐剂量下喷雾处理。由于该虫被有蜡粉，药液中混用含油量0.3%～0.4%柴油乳剂或黏土柴油乳剂，可显著提高防效。

生物防控

（1）**保护、助迁和利用优势天敌**。山东广翅蜡蝉天敌有晋草蛉、大草蛉、中华草蛉、小花蝽、猎蝽、步甲、异色瓢虫、大腹圆蛛、黄褐新圆蛛、八斑球腹蛛、三突花蛛和黑色蝇虎等。

（2）**生物药剂**。可采用400亿孢子/g球孢白僵菌可湿性粉剂2000～3000倍，或0.5%藜芦碱可溶液剂600～800喷雾处理，安全有效。

八点广翅蜡蝉

学名： *Ricania speculum* Walker
科属： 半翅目广翅蜡蝉科
别名： 八点光蝉、八点蜡蝉、橘八点光蝉、咖啡黑褐蛾蜡蝉、黑羽衣、白雄鸡等

危害特点

八点广翅蜡蝉寄主植物较多，目前尚无准确数据统计。有报道该虫可危害石榴、苹果、桃、李、樱桃、枣、杏、柿、山楂、板栗、柑橘、金柑、南丰蜜橘、温州蜜柑、梅、荔枝、龙眼等果树；桑、茶、咖啡、可可、油茶、棉、芝麻、黄麻、大豆等作物；玫瑰、迎春花等园林、花卉植物；油桐、蜡梅、杨、柳、桂花、黄杨、刺槐、喜树等林木。八点广翅蜡蝉以刺吸式口器吸食植株汁液造成危害。雌成虫产卵于当年生枝条内，破坏寄主枝、叶组织，影响枝条生长，引起流胶，影响树势，严重时易造成产卵部位以上枝梢枯死。雌成虫产卵在9：00～12：00时进行，产卵时先用产卵器刺开嫩枝、叶柄、叶背中脉的皮层，然后将卵产在刻痕内，两卵间隔1～2mm，多单行排列，少双行排列，雌成虫产最后一次卵后5～6天死去。嫩枝被害后则叶片枯黄，新芽停止生长。另外，成虫和若虫排泄物容易诱发煤烟病，影响石榴光合作用。

形态特征

（1）**成虫**。体长6.0～7.5mm，翅展16～18mm。头胸部黑褐色至烟褐色，足和腹部褐色。有些个体后胸、腹基部及足为黄褐色。前胸背板具中脊，两边点刻明显，中胸背板具纵脊3条，中脊长而直，侧脊近中部向前分叉。前翅褐色至烟褐色，前缘近端部2/5处有一近半圆形透明斑。外缘有两个较大透明斑，其中前斑不规则形，后斑长圆形，翅面散布白色蜡粉。后翅黑褐色，半透明，基部色略深，翅脉色深，中室端部有一小透明斑。足除腿节为暗褐色外，其余为黄褐色。后足胫节外侧有刺2个。

（2）**卵**。长1.1～1.4mm，长卵圆形，乳白色。

（3）**若虫**。低龄若虫为乳白色，近羽化时部分个体背部出现褐色斑纹。体近菱形，腹末有白色蜡丝3束，散开如孔雀开屏。

发生规律

八点广翅期在湖北1年发生2代，以性未成熟的成虫在茂密的枝叶丛中或杂草土缝

八点广翅蜡蝉成虫

中越冬。3月下旬至4月上旬越冬成虫开始活动，取食、交尾、产卵。第1代卵盛期在4月上旬至下旬，若虫盛发期在4月中旬至6月上旬，成虫发生期在6～7月。第2代卵期在7月中旬至8月中旬，若虫盛发期在8～9月，成虫发生期在9～10月，最迟至11月中旬。各虫态历期为：卵期25天，若虫期65天，成虫期第1代35天，第2代220天。

防控措施

农业防控

（1）冬季清园时，剪除被害枝，清除杂草及果园周围杂木林并集中烧毁，以减少越冬虫源。

（2）常绿与落叶果树不宜相邻建园，果树品种不能太杂。

（3）合理修剪，使果园通风透光，创造不利于该虫的生态环境。

（4）在成虫产卵前可通过在枝梢和叶片上喷施1%～5%的石灰乳，降低着卵率。

物理防控

在害虫盛发期（6～11月），可通过悬挂频振式诱虫灯诱杀成虫。

化学防控

若虫孵化期开始自5月中旬至7月中旬，用90%敌百虫晶体1000～2000倍，或10%吡虫啉可湿性粉剂1000～2000倍，或40%联苯·噻虫啉悬浮剂3000～5000倍进行喷雾处理。也可采用毒死蜱、氰戊菊酯、联苯菊酯、高效氯氟氰菊酯、吡虫啉、啶虫脒、氟啶虫胺腈等进行喷雾处理。施药时药液添加1%矿物油可显著提高防治效果。间隔10～20天再处理一次可有效提高防治效果。

生物防控

（1）**保护、助迁和利用优势天敌**。八点广翅蜡蝉常受多种天敌的抑制，其中晋草蛉、大腹圆蛛等为优势种。另外，还有中华草蛉、大草蛉、步甲、异色瓢虫等多种昆虫和黄褐新圆蛛、八斑球腹蛛及部分小蜂也有控制效果。

（2）**生物防治**。可采用400亿孢子/g球孢白僵菌可湿性粉剂2000～3000倍，或0.5%藜芦碱可溶液剂600～800喷雾处理，安全有效。

白蛾蜡蝉

学名： *Lawana imitata* Melichar
科属： 半翅目蛾蜡蝉科
别名： 白鸡、白翅蜡蝉、青衣虫、青翅羽衣、青鸡、紫络蛾蜡蝉等

危害特点

白蛾蜡蝉食性较杂，是果、林主要害虫之一。可危害石榴、苹果、李、桃、梨、杏、扁桃、葡萄、无花果、梅、李、木瓜、柑橘、金柚、龙眼、杧果、黄皮、荔枝、木波罗、番石榴、黄皮、澳洲坚果等果树；胡椒、田青怪麻等作物；银桦等林木。白蛾蜡蝉以成虫或若虫在小枝或嫩枝上吸食寄主汁液，消耗寄主养分，枝条受害处多产生白色棉状蜡丝。白蛾蜡蝉危害严重时引起枝条干枯、落叶、落果，其产生蜜露易诱发煤烟病，致使树势衰弱。

白蛾蜡蝉成虫
http://www.pig66.com/shuji/bch/2018/0109/3033.htmL

形态特征

（1）**成虫**。体长19～25mm，白色或淡绿色，体被白色蜡粉。头顶呈锥形突出。颊区具脊。复眼褐色。触角着生于复眼下方。前胸向头部呈弧形凸出，中胸背板发达，背面有3条细的脊状隆起。前翅近三角形，顶角近直角，臀角向后呈锐角，外缘平直，后缘近基部略弯曲。径脉和臀脉中段黄色，臀脉基部蜡粉比较多，集中成小白点。后翅白色或淡绿色，半透明。后足发达，善跳。

（2）**卵**。长0.4～0.8mm，长椭圆形，淡黄白色，表面有细网纹，卵粒聚集排列成纵列长条块。

（3）**若虫**。长8.0mm左右，长椭圆形，略扁平。胸部宽大。翅芽不发达，向体后侧平伸，末端平截，被白色棉絮状蜡质物。腹端有成束粗长蜡丝。

发生规律

白蛾蜡蝉在海南、广东、广西、云南、浙江、

福建等地1年发生2代，第1代若虫见于3～4月，第2代7～8月，以成虫在果园附近茂密的杂草树木上越冬。第1代孵化盛期在3月下旬至4月中旬；若虫盛发期在4月下旬至5月初；成虫盛发期5～6月。第2代孵化盛期于7～8月；若虫盛发期7月下旬至8月上旬；9～10月陆续出现成虫，9月中下旬为第2代成虫羽化盛期，至11月所有若虫几乎发育为成虫。然后随着气温下降成虫转移到寄主茂密枝叶间越冬。翌年2～3月天气转暖后，越冬成虫恢复活动，取食、交尾、产卵。成虫善跳能飞，但只作短距离飞行。卵产在枝条、叶柄皮层中，卵粒纵列成长条块，每块有卵几十粒至400多粒；产卵处稍微隆起，表面呈枯褐色。若虫有群集性，初孵若虫常群集在附近的叶背和枝条。随着虫龄增大，虫体上的白色蜡絮加厚，且略有三五成群分散活动；若虫善跳，受惊动时便迅速弹跳逃逸。成虫和若虫都吸食寄主枝叶液汁，尤其是嫩枝、嫩叶的液汁，使嫩梢生长不良，叶片萎缩弯扭。幼果期被害则造成落果。若虫活泼善跳，取食时多静伏于新梢、嫩枝，在每次脱皮前移至叶背，脱皮后返回嫩枝上取食。若虫体上蜡丝束可伸张，有时犹如孔雀开屏。成虫栖息时，在树枝上往往排列成整齐的“一”字形。夏秋两季阴雨天多，降雨量较大时，害虫发生较严重。

防控措施

农业防控

及时剪除过密枝条、着卵枝条、带虫枝叶和枯死枝条，结合冬季清园时去除果园周边杂树木等，以利于通风透光，防止产卵，减少虫源。

物理防控

若虫期发生期用竹扫帚把若虫扫落，人工捕杀或放鸡啄食。

化学防控

对越冬成虫、各代成虫羽化盛期和若虫盛孵期，采用90%晶体敌百虫800～1000倍，或2.5%溴氰菊酯乳油2500～3000倍液，或150g/L联苯·吡虫啉悬浮剂1500～2000倍进行喷雾处理。也可采用毒死蜱、马拉硫磷、氰戊菊酯、联苯菊酯、高效氯氟氰菊酯、灭多威、吡虫啉、啶虫脒、烯啶虫胺、虫螨腈、噻虫嗪等推荐剂量下喷雾处理。由于该虫被有蜡粉，药液中混用含油量0.3%～0.4%柴油乳剂或黏土柴油乳剂，可显著提高防效。细致喷射树冠枝干后，注意喷杀受惊动后掉落在地面上的蜡蝉成虫。

生物防控

（1）**保护、助迁和利用优势天敌**。天敌有20余种，其中胡蜂科7种、螺赢科6种、茧蜂科1种、瓢虫科5种、猎蝽科2种、螳螂科和草蛉科各1种。以胡蜂科天敌占优势，尤其以墨胸胡蜂、黑盾胡蜂、大金箍胡蜂等较多，对控制白蛾蜡蝉的大发生起到了良好的作用。若虫常见天敌有草蛉、螯蜂等。

（2）**生物防治**。可采用400亿孢子/g球孢白僵菌可湿性粉剂2000～3000倍，或0.5%藜芦碱可溶液剂600～800喷雾处理，安全有效。

黑蚱蝉

学名： *Cryptotympana atrata* Fabricius
科属： 半翅目蝉科害虫
别名： 知了龟、知了猴、节老龟、爬拉猴、黑蚱、知了、蚱蝉、爬蝉、爬衩、爬叉、爬爬、姐猴、罗锅、知拇吖、食孩儿、老少狗、肉牛、神仙、杜拉猴、呜呜蝉等

危害特点

黑蚱蝉食性很杂，可危害石榴、梨、苹果、葡萄、桃、杏、山楂、柿、李、柑橘、柚、荔枝、黄皮、枇杷、龙眼等果树；杨、柳、榆、槐、苦楝、凤凰木等林木。黑蚱蝉若虫长期生活在土里，刺吸树根部汁液，影响树势发育。成虫、若虫主要危害

①黑蚱蝉枝条危害状
②黑蚱蝉危害枝条枯死状

①

②

当年生枝条，刺吸汁液，影响光合作用和花芽形成。成虫产卵时还划破幼嫩枝梢皮层，产卵器可刺达木质部，引起“滴露”和感染病菌，造成枝梢溃疡枯死，果实脱落或品质下降。黑蚱蝉造成的新梢受害率一般为2%～3%，严重时达20%以上。黑蚱蝉防治不当，其危害可能会逐年加重趋势。

形态特征

（1）**成虫**。体长40～48mm，体大型，黑色，有光泽，前后翅均为膜质，透明，基部黑色。头大，复眼大，突出，有3个较接近的呈三角形排列的单眼，触角短小，刚毛状。前足腿节膨大，下方有齿。翅透明，基部翅脉金黄色，雄虫于腹基部两侧具发音的产卵器，有听器，无鸣器。

（2）**卵**。长2.0～2.5mm，长椭圆形，稍弯曲，乳白色，有光泽，后期变为淡黄色。

（3）**若虫**。末龄若虫棕黄色，体长30～37mm，形似成虫，有翅芽，完整，无复眼，前足为开掘足。

①黑蚱蝉成虫
②黑蚱蝉若虫
③黑蚱蝉蝉蜕

①

②

③

发生规律

黑蚱蝉1代所需年数报道尚不一致，可能与食物、环境等因素有关。一般认为3～6年，长者12～13年。以卵或若虫在寄主植物组织内或土壤中越冬。成虫每年5～8月出现，6～7月为羽化盛期，9月上旬后进入羽化末期，雌虫寿命60～70天。6月下旬至8月中旬产卵，产卵盛期为7月中下旬，1个卵窝产卵4～6粒，单枝产卵多达百粒。卵初产时乳白色，渐变淡黄色。翌年4～5月，卵粒从枯枝上落地孵化为若虫并入土，5月中下旬为孵化盛期，6月中旬孵化结束，卵期长达10个月左右。孵化后的若虫在土壤中蜕皮5次。数年后，末龄若虫出土羽化为成虫。

防控措施

农业防控

（1）**清园灭卵**。结合冬季修剪，彻底剪除带卵枝条并处理，夏季及时剪除和销毁虫枝，减少害虫基数。提倡冬、夏深翻灭卵和破坏若虫土室，以减少虫源。

（2）**树盘覆盖**。树盘周围覆盖麦草、麦糠，阻止初孵若虫入土和老熟若虫出土。

（3）**人工饲养管理**。部分地区已经把黑蚱蝉作为一种经济昆虫饲养、繁殖，并取得良好的效益。将果园虫害防治和副业收入结合起来，可起到事半功倍的效果。

物理防控

利用若虫多在傍晚出土静伏的习性，于6～7月，特别是雨后、灌水后的晴天傍晚，组织人工捕捉若虫，或在树干20～50cm处包裹10～20cm宽的塑料圈、胶带或涂黏液圈，阻止若虫、成虫上树，并及时捕捉。成虫盛发期，白天用长把捕虫网、黏虫板捕杀。

化学防控

利用每年5～6月是初孵若虫地面爬行和末龄若虫出土羽化期吻合的关键时期，地面喷施40%毒死蜱乳油1000～1500倍，或40%辛硫磷乳油1000～1500倍，或20%甲氰菊酯1000～2000倍效果较好。在成虫发生期利用25%噻虫嗪水分散粒剂8000～10000倍，或70%吡虫啉水分散粒剂10000～12000倍，或150g/L联苯·吡虫啉悬浮剂2000～3000倍进行喷雾处理。也可采用高效氯氟氰菊酯、溴氰菊酯、氰戊菊酯、噻嗪酮、烯啶虫胺等开展防治，效果较好，防效率可达50%以上。

生物防控

（1）**招引益鸟**。山雀、画眉、布谷、鹰、喜鹊、乌鸦、麻雀等鸟类均可捕食黑蚱蝉，降低其危害。

（2）**保护和利用优势天敌**。捕食或寄生性天敌有螳螂、蚂蚁、蜘蛛、寄生蜂、寄生菌等，对控制虫口密度上升有重要作用。特别是对果园里的鸟巢、鸟蛋、益虫洞穴卵，不要摘除、破坏，有条件时，挂箱造巢招引。

小绿叶蝉

学名： *Empoasca flavescens* Fabricius

科属： 半翅目叶蝉科害虫

别名： 桃叶蝉、桃小浮尘子、桃小叶蝉、桃小绿叶蝉、小绿浮尘子、小绿叶蝉、青仔、青跳仔、烟仔、叶绿蝉、跳仔、赵烟、涎仔、浮尘子等

危害特点

小绿叶蝉食性较杂。可危害石榴、桃、梨、苹果、杏、李、樱桃、梅、葡萄、柑橘等果树；碧桃、紫叶李、樱花、紫叶矮樱、美人梅等园林植物；水稻、马铃薯、甜菜、茄子、菜豆、十字花科蔬菜、棉花等作物。山东枣庄、安徽怀远等地区调查发现，小绿叶蝉已成为石榴产区仅次于棉蚜的主要刺吸式害虫。该虫以成虫、若虫吸食叶片汁液，造成被害叶片初期呈现黄白色斑点，进一步渐扩成片，严重时全叶苍白早落，影响植株有机物质的积累，进而降低果实口感。

形态特征

（1）**成虫**。体长3.0～4.0mm，淡黄绿至绿色，复眼灰褐至深褐色，无单眼，触角刚毛状，末端黑色。前胸背板、小盾片浅鲜绿色，常具白色斑点。前翅半透明，略呈革质，淡黄白色，周缘具淡绿色细边。后翅透明膜质，各足胫节端部以下淡青绿色，爪褐色。跗节3节。后足跳跃式。腹部背板色较腹板深，末端淡青绿色。头背面略短，向前突，喙微褐，基部绿色。雌成虫腹面草绿色，雄成虫腹面黄绿色。

（2）**卵**。长椭圆形，略弯曲，长0.6～0.8mm，头端略大，浅黄绿色，后期出现1对红色眼点。

（3）**若虫**。长2.5～3.5mm，除翅尚未形成外，体形和体色与成虫相似。

发生规律

小绿叶蝉年发生4～6代，因发生期不整齐致世代重叠。以成虫在落叶、杂草或低矮绿色植物中越冬。翌春果树发芽后出蛰，飞到树上刺吸汁液，经取食后交尾产卵，卵多产在新梢或叶片主脉里。卵期5～20天，若虫期10～20天，非越冬成虫寿命30天。完成1个世代40～50天。6月虫口数量增加，8～9月最多且危害重，秋后以末代成虫越冬。成虫、若虫喜白天活动，在叶背刺吸汁液或栖息。成虫善跳，可借风力扩散，旬均温15～25℃适宜其生长发育，28℃以上及连阴雨天气虫口密度下降。

小绿叶蝉成虫

防控措施

农业防控

清园。成虫出蛰前清除落叶及杂草，减少越冬虫源。

物理防控

石榴园田间悬挂黄色粘虫板，开展物理防控。

化学防控

越冬成虫、各代成虫羽化盛期和若虫盛孵期，采用40%噻嗪酮悬浮剂1500～2000倍，或25%噻虫嗪水分散粒剂10000～15000倍液，或20%高氯·马拉硫磷乳油1000～3000倍进行喷雾处理。也可采用联苯菊酯、高效氯氟氰菊酯、吡虫啉、啶虫脒、烯啶虫胺等推荐剂量下喷雾处理。

生物防控

要求较高的果园可采用0.5%藜芦碱可溶液剂600～800倍喷雾处理，效果良好。

绿盲蝽

学名： *Apolygus lucorum* Meyer-Dür
科属： 半翅目盲蝽科
别名： 花叶虫、小臭虫、棉青盲蝽、青色盲蝽、破叶疯等

危害特点

绿盲蝽可危害石榴、苹果、桃、梨、李、杏、樱桃、枣、葡萄、山楂等果树；棉花、桑、麻类、豆类、玉米、马铃薯、瓜类、苜蓿、药用植物、花卉、蒿类、十字花科蔬菜等作物；茶树、杨树等林木。绿盲蝽以若虫、成虫刺吸石榴树新萌发出的幼芽、嫩梢、嫩叶、花蕾或幼果。嫩梢受害后，顶端生长点干枯，停止生长。花蕾受害，基部出现许多黑色小斑点，逐渐扩大成片，后脱落。嫩叶受害，叶片上出现黑色干枯斑点，有的多个斑点连在一起，造成叶面穿孔，叶钩状卷曲畸形，严重影响光合

绿盲蝽嫩芽危害状

①绿盲蝽嫩叶危害状
②叶钩状卷曲畸形

作用。石榴园周边桃、葡萄、枣等其他果树的有无和多少对绿盲蝽的危害程度存在影响。混栽园危害一般较重，新梢受害率高者可达100%。石榴园无其他果实的种植园新梢受害率为10%～40%。

形态特征

（1）**成虫**。体长5mm左右，绿色，密被短毛。头部三角形，黄绿色，复眼黑色突出，无单眼，触角4节丝状，较短，约为体长2/3，第2节长等于3、4节之和，向端部颜色渐深，1节黄绿色，4节黑褐色。前胸背板深绿色，上有刻点，前缘宽。小盾片三角

绿盲蝽成虫

形微突，黄绿色，中央具1浅纵纹。前翅膜片半透明暗灰色，余绿色。足黄绿色，后足腿节末端具褐色环斑，雌虫后足腿节较雄虫短，不超腹部末端，跗节3节，末端黑色。

（2）**卵**。长约1mm，长口袋形，黄绿色，卵盖奶黄色，中央凹陷，两端突起，边缘无附属物。

（3）**若虫**。共5龄，与成虫相似。初孵时绿色，复眼桃红色。2龄黄褐色，3龄出现翅芽，4龄超过第1腹节，2、3、4龄触角端和足端黑褐色，5龄后全体鲜绿色，密被黑细毛；触角淡黄色，端部色渐深。眼灰色。

发生规律

绿盲蝽北方年发生3～5代，山西运城4代，陕西泾阳、河南安阳、河南开封5代，江西6～7代，以卵在果树翘皮、断枝或土中越冬。翌春3～4月旬均温高于10℃或连续5日均温达11℃，相对湿度高于70%，卵开始孵化。若虫生活隐蔽，爬行敏捷。成虫善飞翔，晴天白昼多隐匿在草丛、叶丛内，早晨、夜晚和阴雨天爬至梢、叶上危害，频繁刺吸嫩梢、叶的汁液，不易被发现。4月上中旬开始危害石榴树，4月下旬至5月上旬为危害盛期。约在5月下旬至6月上旬，成虫陆续转移至果园以外的寄主植物上危害，石榴受害减轻。秋季部分成虫再次转移到石榴上产卵越冬。

防控措施

农业防控

（1）**避免混栽**。尽量避免石榴树与桃、葡萄、苹果、枣等果树混栽。

（2）**避免间作**。尽量避免石榴园间作棉花、大豆、麻类等作物，以减少绿盲蝽的发生。

（3）**清园**。石榴落叶后彻底清理园内落叶、间作物秸秆和杂草、修剪枝条等。刮除树干翘皮、收集烧毁、并用石灰水涂干。

物理防控

石榴园田间悬挂黄色粘虫板，开展物理防控。

化学防控

越冬卵孵化期和若虫期，采用4.5%高效氯氰菊酯1000～2000倍，或25%吡蚜酮可湿性粉剂2000～3000倍，或16%氯氰·马拉松乳油1500～2000倍进行喷雾防治，10天1次，连喷4～5次，下午喷药效果较好，务求全树均匀着药。由于绿盲蝽主要危害新梢，喷药应重点喷布新梢。药剂应轮换施用，以延缓害虫抗性产生。第1遍药喷布及时，防效可达70%以上，且会大大减轻以后的危害。如石榴栽培面积较大，各园片的第1次喷药应同时进行，效果更佳。也可采用联苯菊酯、高效氯氟氰菊酯、吡虫啉、啶虫脒、烯啶虫胺等推荐剂量下喷雾处理。

生物防控

石榴园可采用0.5%藜芦碱可溶液剂600～800倍喷雾处理，效果良好。

卵形短须螨

学名： *Brevipapus obovatus* Donnadieu
科属： 蜱螨目细须螨科害螨
别名： 茶短须螨、女贞螨、扁螨等

危害特点

卵形短须螨是一种重要的农业害螨，可危害45科120多种植物。可危害石榴、桃、沙梨、葡萄、柿、山楂、枇杷等果树；杜鹃、山茶、非洲菊、大丽花、白玉兰、白兰花、紫玉兰、鸡冠花、夹竹桃、绣球花、凌霄花、野蔷薇、夜丁香、迎春、留兰香、半支莲、西番莲、仙人掌等花卉植物；茶树等林木。卵形短须螨成螨、若螨主要危害老叶和成叶，也危害嫩叶。主要在叶背吮吸汁液危害，主脉附近受害最为严重。

卵形短须螨危害症状主要表现在叶片背面，被害叶逐渐失去光泽，叶背呈现油渍状紫褐色斑点，叶面呈灰白色斑点，叶柄呈紫褐色。严重时叶片枯黄，叶柄霉变引起早期落叶，甚至形成光杆，影响生长。

形态特征

（1）**成螨**。雌成螨体长0.2～0.4mm，椭圆形，背腹扁平，体色变化大，随不同季节和取食时间长短而有所不同，有红、暗红、橙红等色。体背有不规则的黑色斑块。靠近第二对足基部有半球形红色眼点一对，足4对，背面表皮有网格状纹，但背中央网纹不清晰。后半体具有5对背侧毛，3对背中毛。雄成螨与雌成螨相似，唯体型较小，体后半部渐尖，近楔形。雌、雄成螨后足体与末体之间均有一横纹区分开。

（2）**卵**。卵形，长0.08～0.11mm，初为鲜红色，渐变为橙红色，孵化前表面乳白色。

（3）**幼螨**。椭圆形，橘红色，体背有不规则的黑色斑。末体较前足狭窄，背面无网状纹，仅在后足体具横向皱纹。背毛呈阔披针形，具锯齿腹面的生殖板未分化。足4对，末端3对。

发生规律

长江中下游地区1年发生6～7代。以雌成螨群集中植株根颈部越冬，少数可以各虫态在叶背、腋芽间、落叶越冬。翌年4月，越冬成螨开始迁移到植株上危害。以7～9月发生严重，高温干燥有利于发生。平均气温在27～30℃时，完成1代约20天；在24～26℃时，完成1代需22～27天。降雨增多可显著降低虫口数量；早春温暖、干旱，有利于卵形短须螨的猖獗为害。

防控措施

农业防控

冬季清园，剪出受害叶片和枝梢。

化学防控

石榴越冬前，0.5波美度石硫合剂喷雾处理，可有效压低越冬虫口基数。石榴生长期，采用4%联苯菊酯微乳剂1000～2000倍，或45%哒螨灵悬浮剂5000～7000倍，或21%四螨·唑螨酯悬浮剂2000～3000倍液对叶片喷雾处理，可有效降低害螨危害。也可采用三唑锡、丁氟螨酯、螺螨酯、阿维菌素等推荐剂量下喷雾处理。

生物防控

保护和利用寄生蜂、捕食螨、瓢虫、蓟马等天敌昆虫开展生物防治。如大赤螨、长毛钝绥螨、多齿钝绥螨、尼氏钝绥螨、澳氏钝绥螨、冲绳钝绥螨、亚洲钝绥螨等。

黄蓟马

学名： *Thrips flavus* Schrank
科属： 缨翅目蓟马科害虫
别名： 瓜亮蓟马、节瓜蓟马、淡色蓟马、菜田黄蓟马、亮蓟马、棉蓟马等

危害特点

黄蓟马可危害石榴、柑橘等果树；节瓜、黄瓜、苦瓜、西瓜、冬瓜、茄子、甜椒、番茄等蔬菜；唐菖蒲、金鱼草、金盏菊、雏菊、白百合、百日草、菊花、六月雪、大花萱草、九月菊、水铁线、百燕菊、麦秆菊、啤酒花、小丽花、翠菊、牵牛花、石竹、迎春、夹竹桃、女贞、木芙蓉、朱顶红、冬青、杜鹃、广玉兰、茶花、蔷薇、紫藤、石楠、草八仙、决明、玫瑰、月季、丁香、茉莉、芍药、太平花、长白忍

黄蓟马造成嫩梢坏死

黄蓟马造成叶片卷曲

黄蓟马果实表面刺吸危害症状

冬、木兰花、乌药、昆明小檗、山矾、梅花、决明等园林花卉植物；罗汉柏、芸香、侧柏、萝藦、海桐、刺槐等林木。黄蓟马成虫和若虫以其特殊的锉吸式口器刺吸石榴树的心叶、幼嫩芽叶的汁液，以前端嫩芽受害最重。新梢被害后，嫩叶向背面卷曲、萎缩，且在卷曲背面有黄棕色斑点。黄蓟马将卵产于石榴叶片内，卵孵化后又继续危害芽叶，反复进行至深秋落叶。黄蓟马虫口密集区域，受害后嫩梢尖端黑褐色坏死，抑制枝梢的萌发和生长，严重影响树冠扩展，影响光合作用，导致树势衰弱，开花量和坐果率下降，造成石榴减产，品质下降，严重影响经济效益。黄蓟马初羽化成虫具有向上和偏嗜嫩绿的习性，活泼，惧强光，成虫、若虫白天多躲在叶部背阴处、叶片卷曲处及嫩芽中，隐蔽性强。成虫迁飞能力强，可随微风和气流远距离传播，从而增大为害范围。据四川省凉山彝族自治州调查，石榴园虫株率高达85.7%。

形态特征

（1）**成虫**。雌成虫体长1.1～1.2mm，黄色，头、胸部颜色比腹部颜色深，为黄棕色。触角长0.2～0.3mm，共7节，第2节最大，椭球状，第3至5节基部颜色较淡，顶端呈黑色，第7节细长，第3、4节上有叉状感觉锥。复眼大，呈暗红色，于头部两侧无明显凸出现象。中有橘红色单眼3只。前单眼有鬃2对。口锥伸到前胸中部。头宽大于长，短于前胸，前胸背片略圆，前胸宽大于长，背片布满细密的横纹。翅淡黄色，前翅前缘鬃21～25根，前脉鬃11根，且为不等距离排列。端鬃1根，腹部9节，腹长

0.5～0.7mm，腹宽0.2～0.3mm，腹节第2、3节较宽，产卵器位于腹部第7节，后足胫节两侧均有鬃。

雄成虫体长0.9～1.1mm，较雌成虫略小，触角长0.2mm，7节，第3、4节上有感觉锥。触角基部颜色淡于体色，第4节起颜色逐渐加深，顶端为褐色。复眼暗红色，后面有均匀分布的细横纹。单眼3只，鲜红色。头宽略大于头长，短于前胸。胸长0.3～0.4mm，胸宽0.1～0.2mm。后缘鬃5对，中间3对均短小，两侧2对较长。腹部10节，第8节最狭窄，第10节细长。生殖腺分为左右两部分，左部分上部为葫芦状，自左下方向下延伸出管状，末端膨大。右部分上部呈漏斗状，自右下方向下延伸出管状，末端膨大。尾鬃3对。缨翅有端鬃1根。后缘33根。前缘缨19根。

（2）**若虫**。初孵若虫乳白色，2龄若虫淡黄色，体色随龄期增加逐渐加深。形态与成虫基本相似，无翅。触角5～7节，无单眼，复眼鲜红色。1龄若虫触角无感觉锥。

（3）**卵**。肾形，淡黄色。

发生规律

四川凉山地区，黄蓟马1年发生17～19代，世代重叠严重。每年12月中下旬，石榴落叶后进入越冬期。黄蓟马在凉山彝族自治州有两种越冬虫态：以成虫潜伏在土块、土缝或枯枝落叶间越冬或以若虫在枯枝落叶中越冬。3～4月石榴萌芽后开始活动，5月数量迅速上升，5～9月为石榴黄蓟马为害高峰期，秋季受害最重。温湿度对石榴黄蓟马生长发育有显著影响，干旱季节为害猖獗，夏季多雨季节、冬季极端低温则对其生长发育不利，暴雨对黄蓟马的发生有明显抑制作用。黄蓟马发育最适温度范围为25～30℃。

防控措施

农业防控

及时清除田间杂草，改变黄蓟马适生环境。

物理防控

利用蓝板诱杀防控黄蓟马成虫，降低危害。

化学防控

黄蓟马发生期可采用4.5%高效氯氰菊酯1000～1500倍，或200g/L吡虫啉可溶性液剂4000～6000倍，或29%阿维·吡虫啉悬浮剂10000～30000倍每7天喷雾1次，连喷2～3次。也可采用高效氯氟氰菊酯、氰戊菊酯、西维因、杀螟松、噻嗪酮、噻虫嗪、呋虫胺、多杀霉素等药剂在推荐剂量下喷雾处理。

生物防控

注意保护南方小花蝽、草蛉、蜘蛛等自然天敌。

麻皮蝽

学名： *Erthesina fullo* Thunberg
科属： 半翅目蝽科害虫
别名： 麻皮蝽象、黄斑蝽、黄斑椿、黄霜蝽、麻蝽象、麻纹蝽、麻纹蝽、臭大姐、臭屁虫、嗅屁虫等

危害特点

麻皮蝽属食性较杂的昆虫。可危害石榴、苹果、海棠、梨、桃、杏、柿、山楂、枣、李、葡萄、猕猴桃、板栗、无花果、沙果、银杏、草莓、柑橘、梅、龙眼等果树；油菜等作物；白蜡、合欢、悬铃木、国槐、刺槐、泡桐、樱花、柳、榆、杨、枫杨、桑、臭椿等林木。麻皮蝽成虫、若虫刺吸石榴茎、叶、枝干及果实汁液。茎、叶受害出现黄褐色斑点，严重时叶片提前脱落。枝干出现干枯。果实被害部位常木栓化，影响石榴外观及品质。

麻皮蝽若虫危害幼果

形态特征

（1）**成虫**。体长18.0～24.5mm，宽8.0～11.5mm，黑色，密布刻点，具有细碎的不规则黄斑。复眼黑色。触角5节，丝状，黑色，末节基部、腹部各节侧接缘中央、胫节中段为黄色。从头端至小盾片基部有1条黄色细中纵线。头长，侧叶与中叶末端平齐，侧叶的末端狭尖，使侧缘成一角度。喙细长伸至第3腹节中部。前胸背板前侧缘略呈锯齿状。腹部腹面中央有凹下的纵沟。前足胫节加宽，呈叶状。

（2）**卵**。长圆形，光亮，卵高2.2mm，粗1.5mm，顶端具盖，直径1.2mm。数粒或数十粒黏结在一起。初产时为淡绿色，近孵化时呈深黄色。

（3）**若虫**。初孵若虫常围在卵块周缘，胸、腹部有许多黄、黑相间的横纹。老熟若虫与成虫相似，体红褐或黑褐色，头端至小

①麻皮蝽若虫危害枝干
②麻皮蝽卵壳
③麻皮蝽成虫

麻皮蝽初孵若虫群集

盾片具1条黄色或微现黄红色细纵线。触角4节，黑色，第4节基部黄白色。前胸背板、小盾片、翅芽暗黑褐色。前胸背板中部具4个横排淡红色斑点，内侧2个稍大，小盾片两侧角各具淡红色稍大斑点1个，与前胸背板内侧的2个排成梯形。足黑色。腹部背面中央具纵裂暗色大斑3个，每个斑上有横排淡红色臭腺孔2个。

发生规律

麻皮蝽在河北、山西、山东1年1代，江西2代，以成虫于草丛、枯枝落叶、树洞、树皮裂缝、墙缝、屋檐、梯田堰坝缝和围墙缝等处越冬。北方地区春季开始活动，5～7月交配产卵，卵多产于叶背，卵期十多天。5月中下旬可见初孵若虫，7～8月羽化为成虫为害至深秋，10月开始越冬。南方地区越冬成虫3月下旬开始出现，4月下旬至7月中旬产卵，第1代若虫5月上旬至7月下旬孵化，6月下旬至8月中旬初羽化。第2代7月下旬初至9月上旬孵化，8月底至10月中旬羽化。南北方均危害至秋末陆续越冬。成虫飞行力强，喜在树体上部活动，有假死性，受惊扰时分泌臭液。

防控措施

农业防控

人工清园。冬、春越冬成虫出蛰活动前，清理园内杂草、落叶、粗皮、枯枝等，结合田间农事操作，集中处理，消灭部分越冬成虫。

物理防控

（1）**振树捕杀**。在成虫、若虫危害期，利用麻皮蝽假死性，早、晚进行人工振树捕杀，尤其在成虫产卵期前效果更好，同时还可防治具假死性的其他害虫如象甲类、叶甲类、金龟子类等。

（2）**套袋防控**。危害严重的果园，在产卵或危害前进行果实套袋防治。

（3）**诱杀防治**。利用该虫聚集越冬的习性，采用“陷阱”等有效的诱集工具，集中诱杀越冬期越冬成虫。

（4）**其他方法**。结合其他管理，摘除卵块和初孵群集若虫，集中处理。

化学防控

（1）**药剂处理**。越冬成虫出蛰期、若虫孵化盛期或产卵高峰期进行药剂喷雾处理，可降低麻皮蝽为害。可采用25%吡蚜酮可湿性粉剂2000～3000倍，或用2.5%溴氰菊酯微乳剂1500～3000倍，或1.8%阿维・啶虫脒微乳剂1000～2000倍液喷雾毒杀卵、幼虫、成虫，效果较好。也可采用毒死蜱、氯氰菊酯、阿维菌素、甲维盐、吡虫啉、噻虫嗪等处理，可取得良好防治效果。

（2）**驱避剂处理**。5月底成虫开始活动时可在果园悬挂驱避剂，驱赶蝽类进行防治。

生物防控

平腹小蜂、黑卵蜂、啮小蜂、白角金小蜂、小花蝽、草蛉、三突花蛛等对麻皮蝽有一定的控制作用。

茶翅蝽

学名： *Halyomorpha picus* Fabricius

科属： 半翅目蝽科

别名： 茶色蝽、梨蝽象、臭木蝽象、臭蝽象、臭板虫、臭妮子、臭大姐

危害特点

茶翅蝽食性较杂，据调查该虫可以危害300多种植物。如石榴、梨、桃、苹果、杏、李、山楂、海棠、柿、樱桃、葡萄、无花果、榛子、胡桃、柑橘、梅等果树；大豆、花生、菜豆、辣椒、茄子、黄瓜等作物；榆树、梧桐、唐棣、泡桐、枫树、桑树、槐树、杨树、丁香等林木。以成虫和若虫刺吸石榴嫩叶、嫩茎和果实汁液，严重时造成叶片枯黄，提早落叶，树势衰退。被害嫩梢停止发育，受害的果实不发育或发育不良。近年来，茶翅蝽为害日趋严重，应引起重视。

形态特征

（1）**成虫**。体长12.0 ~ 16.0mm，宽6.5 ~ 9.0mm。扁平略呈椭圆形，茶褐色、淡褐色或黄褐色，体背具黑色刻点或金绿色闪光的刻点，有的个体具有金绿色或紫绿色光泽。触角5节，黄褐色，第4节中部黑褐色，两端黄白色，第5节大部分为黑褐色，

茶翅蝽成虫

茶翅蝽若虫

基端黄白色。头三角形，向前突出，单眼红色。前胸背板前缘具有4个黄褐色横列小斑点，小盾片三角形，末端盾圆，基部具有5个淡黄色小斑点，两侧端角的褐色点较大。翅褐色，基部色较深，淡黑褐色，端部翅脉的颜色也较深。侧接缘黄白相间，腹部腹面淡黄白色。

（2）**卵**。长0.9～1.2mm，短圆筒形，具假卵盖，中央略隆起，周缘环生短小刺毛，初产时青白色，近孵化时变深褐色，若虫孵化前卵壳上方出现黑色三角口。

（3）**若虫**。共5龄，初孵若虫近圆形，体长约1.5mm，头部黑色，腹部淡橙黄色，各腹节两侧节间有一长方形黑斑，共8对，触角第3、4、5节可见白色环斑。2龄若虫体长3.0～3.3mm，淡褐色，头部黑褐色，胸部和腹部背面具有黑斑。前胸背板侧缘具6对不等长的刺突。3龄若虫体长4.5～5.0mm，棕褐色，前胸背板两侧具有4对刺突，腹部各节背板及侧缘各具一黑斑，腹部背面可见3对臭腺孔，出现翅芽。4龄若虫体长约8mm，茶褐色，翅芽增大。5龄若虫体长10～12mm，翅芽伸达腹部第3节后缘。

发生规律

茶翅蝽因地区不同发生代数而不同，在北方1年发生1～2代，南方地区1年可发生5～6代。以成虫在树皮缝隙、墙缝、石缝、树洞、草堆或室内、室外的屋檐下等处越冬，越冬成虫具有群集性，一般几个或十几个聚集在一起。越冬成虫翌年4月下旬至5月上旬陆续出蛰。越冬代成虫可一直危害至6月份，7月上旬以前所产的卵，可完成1年2代的发育，7月上旬以后产的卵则1年发生1代。成虫喜欢在中午气温较高、阳光充足时活动，交尾时间一般在晚上。成虫产卵于叶背，块产，每块卵20～30粒，温湿度适宜时，卵期5～9天。刚孵出的若虫不分散，聚集在卵壳上或在其附近，静伏1～2天后开始分散危害。成虫、若虫刺吸石榴嫩梢和果实。成虫若在8月中旬以后羽化，则不再产卵，成为越冬代成虫。越冬代成虫寿命可达300天。9月下旬气温开始下降，成虫陆续越冬。10月中旬室外仍可见少量未潜藏越冬的成虫。

防控措施

农业防控

人工清园。冬、春越冬成虫出蛰活动前，清理园内杂草、落叶、粗皮、枯枝等，结合田间农事操作，集中处理，消灭部分越冬成虫。

物理防控

（1）**振树捕杀**。利用其假死性，早、晚进行人工振树捕杀。

（2）**诱杀防治**。利用该虫聚集越冬的习性，采用“陷阱”等有效的诱集工具，集中诱杀越冬期越冬成虫。

（3）**套袋防控**。果实套袋可以减轻其危害程度。

（4）**其他方法**。结合其他农事操作，发现卵块和初孵群集若虫及时灭杀。

化学防控

（1）**药剂处理**。越冬成虫出蛰期、若虫孵化盛期或产卵高峰期进行药剂喷雾处理，可降低麻皮蝽为害。可采用2.5%溴氰菊酯微乳剂1500～3000倍，或25%噻虫嗪水分散粒剂8000～10000倍，或1.8%阿维·啶虫脒微乳剂1000～2000倍液喷雾毒杀卵、幼虫、成虫，效果较好。10～20天喷施一次，连喷2次防治效果更佳。也可采用毒死蜱、氯氰菊酯、高效氯氰菊酯、阿维菌素、甲维盐、吡虫啉等处理可取得良好防治效果。

（2）**驱避剂处理**。5月底成虫开始活动时可在果园悬挂驱避剂，驱赶蝽象。

生物防控

保护自然天敌。小花蝽、草蛉幼虫可取食茶翅蝽卵，三突花蛛、食虫虻等可捕食茶翅蝽若虫和成虫。黄足沟卵蜂、茶翅蝽沟卵蜂等在茶翅蝽的生物防治中起着重要作用。

食虫虻

线茸毒蛾

学名： *Dasychira grotei* Moore

科属： 鳞翅目毒蛾科

危害特点

线茸毒蛾可危害石榴、苹果、桃、杧果等果树；樱花、月桃、桂花、月季等园艺植物；泡桐、柳树、榆树、杨树、刺槐、樟树、朴树、悬铃木、重阳木、黑荆树、榔榆、山毛榉等林木。线茸毒蛾幼虫取食石榴叶片，轻者造成叶片缺刻，重者仅留叶柄、叶脉，大发生时可将树叶食光，严重影响石榴树的生长发育。幼虫受惊卷曲，假死落地。老熟幼虫在叶片密集处、草丛、枯枝落叶、树皮缝中群集化蛹。线茸毒蛾茸毛和吐出细丝随风飘荡，行人触及后，常使皮肤奇痒难忍或发炎。

形态特征

（1）**成虫**。雌虫略大，体长26.0～27.5mm，翅展66～68mm。雄虫略小， 体长18.5～22.0mm，翅展42～49mm。雌性头和胸部灰白色，腹部灰色。前翅灰白色，散布黑褐色鳞片。内线由双线组成，弧形黑褐色。横脉纹新月形浅棕色（反面更清楚），外线黑褐色，波浪形，亚端线黑褐色，与外线平行。端线由2条黑褐色细线组成，缘毛黑灰色。后翅灰白色，散布浅褐色鳞片。横脉纹新月形，黑褐色，较前翅色深，靠臀区近端有一不明显的黑斑，缘线为黑褐色、缘毛灰色。雌性外生殖器产卵瓣扁平，交配囊发达，但无囊突。雄性头和胸白灰色带浅褐色。腹部灰棕色。腹末灰褐色。前翅棕白色，散布黑褐色鳞片。亚基线黑褐色，内线双线黑褐色，内一线呈“S”形弯曲，外一线为不规则波形。横脉纹新月形，浅棕色，周围黑褐色。外线黑褐色、波浪形。亚端线白色，波浪形，与外线平行。两线间灰黑褐色。端线为1条黑褐色细线。后翅棕黄色，横脉纹和外缘灰棕褐色。前、后翅缘毛白色。雄性外生殖器背兜颇发达。抱器近弧形，其端部略圆，内外均生有长鳞毛。腹中部有一排尖锐的小齿排列呈小锯状。颚形突基部小而扁，近两端各有1小钝突起。阳茎长形，其基端近抱器基两侧各有1根刺，阳茎距基部2/3处有1小突起。

（2）**卵**。圆球形，直径1.1～1.2mm，黄褐色。中间微凹，近孵化时颜色变深，呈灰黑色。

（3）**幼虫**。老熟幼虫体长35.0～42.0mm，体色变化大，有3种不同色型。头部

线茸毒蛾成虫
线茸毒蛾卵
线茸毒蛾幼虫

线茸毒蛾蛹

黄、灰黄或黄褐色。前胸盾黄褐色。臀板为黑褐色。中后胸及腹部1～7节背面黄褐色或黄黑色。腹部第8、9和10节为黄色或褐色。腹部背面第1和第2节交界处有1大黑圆斑。腹部第7节背面有明显的翻缩线，背线黄黑色，少数不明显。亚背线第5～7节为黄色，清晰可见。气门上线、气门线及气门下线均为黄色，但气门线较细不易见。腹面黄色或杏黄色。身体各节具有毛瘤，其上生着粗细不等的黑色、灰黄和黄色等刺毛。腹部背面1～4节及第8节各具1黄色（或白色、或棕色）的毛刷。气门筛黄色，围气门片黑色，前胸气门长椭圆形，约比其他气门大1倍，第8对气门比其他腹部气门略大。胸足及腹足为黄色。前、中、后胸足距离为1∶1.3∶1.5。腹足趾钩为黑色，单序中带，趾钩数125～143个。

（4）**蛹**。雌蛹长28.6～31.8mm，雄蛹长17.6～20.5mm。棕黄色。背生长毛束，腹面光滑。茧黄褐色，外附幼虫体毛。

发生规律

北方地区1代，以幼虫越冬。河南汝州、江苏南京1年3代，以蛹在树皮缝、杂草丛、屋檐下等处越冬。福建南平地区1年4代，以蛹在树干或树干裂缝处越冬。以河

线茸毒蛾结茧状

南为例，线茸毒蛾4月中下旬成虫羽化，多在21：00后羽化、交尾、产卵。成虫具趋光性，雄性较雌性趋光性强，昼伏夜出，白天静伏于叶子背面，树木伤疤、裂缝处，成虫寿命4～7天。越冬代成虫产卵于树皮上，其他代成虫产卵于叶片上，成块状排列。卵历期10天左右。5月上旬出现第1代幼虫，6月下旬出现第2代幼虫，8月中旬出现第3代幼虫，9月上旬幼虫开始化蛹，进入越冬期。幼虫共5龄，1～2龄群集生活，啃食叶肉；3龄分散取食；5龄食量大增，可将叶片食光。3龄后幼虫较活跃，善于爬行。受惊后体曲卷，收缩、假死落地片刻后，迅速爬行。幼虫期体色黑黄、浅黄等色多变。第1、2代幼虫化蛹多在树皮缝、枝杈、伤疤、丛枝中。线茸毒蛾成虫靠迁飞传播，幼虫靠交通工具携带远距离传播。

防控措施

农业防控

人工清园。冬、春越冬成虫出蛰活动前，清理园内杂草、落叶、粗皮、枯枝等，结合田间农事操作，集中处理，消灭部分越冬成虫。

物理防控

（1）**捕杀越冬虫蛹**。结合冬、春季管理捕杀在树冠下枯枝落叶层中越冬虫、蛹。

（2）**振树捕杀幼虫**。幼虫危害期，猛击树干，振落后集中杀死。

（3）**诱杀防控**。根据当地发生期，提前悬挂诱虫灯、频振式杀虫灯、糖醋酒液等，兼具测报和诱杀线茸毒蛾的效果。

化学防控

线茸毒蛾幼虫期，可采用90%晶体敌百虫800～1000倍，或用2.5%高效氯氟氰菊酯水乳剂1000～1500倍，或6%阿维·氯苯酰悬浮剂1000～1500倍液喷雾毒杀幼虫，均有较高的杀虫效果。也可采用毒死蜱、溴氰菊酯、氰戊菊酯、阿维菌素、甲维盐、氯虫苯甲酰胺、氟苯虫酰胺、灭幼脲等毒杀幼虫。初次喷药后7～10天再喷一次，可取得良好的防治效果。

生物防控

（1）**保护和利用天敌**。幼虫期天敌有黑侧沟姬蜂、松毛虫黑点瘤姬蜂、茸毒蛾匙鬃瘤姬蜂、茸毒蛾嵌翅姬蜂、悬茧姬蜂、芦寇狭颊寄蝇、松毛虫狭颊寄蝇、善飞狭颊寄蝇、尖音狭颊寄蝇、苏门答腊狭颊寄蝇和阿母狭颊寄蝇。其中苏门答腊狭颊寄蝇对线茸毒蛾幼虫抑制作用较强。蠋蝽若虫和成虫亦可刺食线茸毒蛾幼虫。部分鸟类，如大山雀等对线茸毒蛾有一定的控制作用。

（2）**生物农药**。利用30亿PIB/mL斜纹夜蛾核型多角体病毒悬浮剂2000～4000倍，或8000IU/μL苏云金芽孢杆菌悬浮剂500～1000倍药液进行喷雾处理，效果较好。也可采用绿僵菌、白僵菌、苦参碱、天然除虫菊素等生物药剂防控线茸毒蛾。

折带黄毒蛾蟀

学名： *Euproctis flava* Bremer
科属： 鳞翅目毒蛾科
别名： 黄毒蛾、杉皮毒蛾、柿叶毒蛾等

危害特点

折带黄毒蛾食性较杂，可危害石榴、苹果、海棠、梨、桃、李、山楂、樱桃、梅、柿、栗、榛、枇杷、槟沙果等果树；茶、玫瑰、蔷薇、榆叶梅等园林植物；蒙古栎、赤杨、胡枝子、家榆、槭、柳、松、柏、杉、柞等林木。折带黄毒蛾幼虫大面积发生时，虫口密度大，多群集在幼芽、嫩叶、枝条上取食，短时间内将植株局部叶片吃光，严重影响石榴的生长和观赏。随着虫龄增长，食量加大，虫体增长迅速，危害加重。折带黄毒蛾幼虫发生严重的年份，局部地区短时间内会造成植株叶片大面积缺失，直至全部死亡。近年来发现，折带黄毒蛾幼虫在石榴花期可危害花和幼果，值得关注。折带黄毒蛾幼虫具毒毛，接触后会皮肤红肿，诱发皮肤病，影响人类的健康，因此，在开展石榴园田间作业时需要注意。

形态特征

（1）**成虫**。雌蛾体长13～16mm，翅展33～39mm，触角双栉齿状。雄蛾体长10～12mm，翅展26～31mm，触角为羽毛状，翅色及斑纹较雌蛾深。体为浅橙黄色，前翅黄色。复眼黑色，前翅黄色，前翅前缘外斜至中室而折向后缘具一条明显深褐色折带，顶角区内有2个棕褐色圆点。后翅黄白色，基部色稍浅。足黄白色，胫节有2根距，腹末具明显的黄色毛簇。静止时前足明显前伸。

（2）**卵**。半圆形或扁圆形，黄白色至黄褐色，直径0.5～0.6mm。初产卵为乳白色，半透明，具光泽，孵化前呈浅紫色。卵壳表面光滑，卵顶中央具凹坑，为孵化孔，每卵块含卵百余粒，呈椭圆形层，分3～4层排列，其上覆有较黄褐色雌蛾鳞毛。

（3）**幼虫**。11～12龄。初孵幼虫黄白色，头棕褐色，头部黑褐色，体无明显毛瘤和斑纹，背部具1褐色斑。2龄幼虫浅黄色，胸部两侧具斑块，背部中央第1、2腹节具黑色毛簇。3龄幼虫黄色，背部毛簇明显增大，腹部具暗色斑，第6、7 腹节具乳白色翻缩腺。4～12龄幼虫体态特征相似，头黑褐色，体黄色至黄褐色，具稀疏黄白色长毛，背线细棕黄色，胸部两侧具较长的黑褐色楔形斑，第1、2腹节逐渐增粗，毛簇长大，虫体呈现弓状，第7、8 腹节两侧具一楔形暗褐色斑，胸足褐色，尾足近黑色，臀板黄色。老熟幼虫体长25～29mm。

折带黄毒蛾幼虫危害状

（4）**蛹**。黄褐色，体长11.0～14.0mm，宽5.0～5.5mm，末端急骤收缩。腹面可见触角膨大且向内弯曲成弧形。身体各节均具稀疏黄色短毛。气门黑色，明显。臀棘长，深褐色，末端向腹部弯曲呈钩状。蛹外具黄褐色丝质薄茧，长纺缍形，长20.0～26.0mm，其上具少许体毛。

发生规律

折带黄毒蛾在华北地区1年发生2代，华中地区1年3代。华北地区等2代区，以3～4龄幼虫在树洞、树干基部缝隙、老翘皮、杂草、落叶等杂物下结网群集越冬。5月下旬化蛹。 6月中下旬越冬代成虫羽化、交配、产卵。第1代幼虫7月上旬孵化，8月下旬化蛹，9月羽化、交配、产卵，9月下旬出现第2代幼虫，为害至秋末，以3～4龄幼虫越冬。低龄幼虫孵化后多群集叶背为害，并吐丝结网群居枝上，老龄时多至树干基部、各种缝隙吐丝群集，多于早晨及黄昏取食。成虫昼伏夜出，卵多产在叶背，每雌产卵百余粒至数百粒。

防控措施

农业防控

（1）**冬季清园**。结合石榴园管理，清除并烧毁植株周边的杂草和枯枝落叶，减少越冬虫源。

（2）**修剪管理**。生长季修剪，结合石榴树修剪去除卵块、剪除虫害枝条、人工捕杀群集的初龄和越冬幼虫等，并集中处理。

物理防控

成虫具有强趋光性，采用黑光灯、高压汞灯或频振式杀虫灯诱杀成虫。

化学防控

幼虫为害期，可采用50%辛硫磷乳油1000～1200倍，或20%杀灭菊酯乳油2500～3000倍，或40%啶虫·毒死蜱乳油1500～2000倍液喷雾防治越冬幼虫或为害期幼虫，可起到良好的防治效果。也可采用毒死蜱、溴氰菊酯、氰戊菊酯、阿维菌素、甲维盐、氯虫苯甲酰胺、氟苯虫酰胺、灭幼脲等毒杀幼虫。初次喷药后7～10天再喷一次，可取得良好的防治效果。

生物防控

（1）**保护和利用天敌**。田间农事操作注意保护和利用小腹姬蜂、日本追寄蝇、悬茧姬蜂、灰腹狭颊寄蝇、细小六索线虫、粗壮六索线虫、螳螂、瓢虫、草蛉、猎蝽等控制折带黄毒蛾危害。

（2）**生物农药**。利用核型多角体病毒（NPV）在折带黄毒蛾幼虫盛发期开展防控。

（3）**利用鸟类等**。利用多种鸟类、青蛙、蜘蛛等动物对折带黄毒蛾开展生物防治。

杏星毛虫

学名： *Illiberis nigra* leech
科属： 鳞翅目斑蛾科
别名： 桃斑蛾、梨叶斑蛾、杏叶斑蛾、梅黑透羽、梅薰蛾、红褐星毛虫、饺子虫、红肚皮虫等

危害特点

杏星毛虫可危害石榴、苹果、梨、桃、李、杏、沙果、海棠、山楂、樱桃、柿、葡萄、山定子、梅等果树。越冬幼虫蛀食石榴叶片、花芽、花蕾等。春天早期主要危害新萌动的幼芽，严重时常导致枯死。发芽后，危害花和叶，造成食叶缺刻和孔洞，甚者将叶片吃光。花蕾期杏星毛虫可将花蕾食空，影响石榴花的正常开放，变黑枯死、脱落。展叶后幼虫啮食叶肉成筛网状，幼虫稍大后吐丝连缀叶缘，将叶片向正面纵折包成“饺

杏星毛虫幼虫花期危害状

杏星毛虫幼虫花期危害状

子形”虫苞，并在其中取食叶肉，仅残留下表皮。被害叶透明、枯焦。严重时全树叶片干枯，造成二次发芽，影响石榴树势及当年结果和翌年花芽分化，造成连年减产。

形态特征

（1）**成虫**。体长7～10mm，翅展21～23mm。体黑褐具蓝色光泽，翅半透明，被黑色鳞毛，翅脉、翅缘黑色，雄虫触角羽毛状，雌虫短锯齿状。

（2）**卵**。长0.7mm，椭圆形，扁平，中部稍凹陷，白至黄褐色。

（3）**幼虫**。体长13～16mm，幼虫体胖近纺锤形，背暗赤褐色，腹面紫红色。头小黑褐色，大部分缩于前胸内，取食或活动时伸出。腹部各节具横列毛瘤6个，中间4个大，毛瘤中间生很多褐色短毛，周生黄白长毛。前胸盾黑色，中央具一淡色纵纹，臀板黑褐色，臀彬黑色10余齿。

（4）**蛹**。长9～11mm，椭圆形，淡黄至黑褐色。茧椭圆形，长15～20mm，丝质，薄淡黄色，外常附泥土、虫粪等。

发生规律

杏星毛虫1年1代，主要以初龄幼虫在裂缝、树皮缝、枝叉、枯枝叶下等部位结茧越冬。石榴树体萌动时开始出蛰，最初先蛀食幼芽，后危害嫩叶及花、蕾等，如遇寒流侵袭，则返回原越冬场所隐蔽。越冬代幼虫5月中下旬老熟，第1代幼虫于6月中旬始见，7月上旬结茧越冬。5月中旬老熟幼虫开始结茧化蛹，一般在树干周围的各种被物下、皮缝中。6月上旬成虫羽化交配产卵，多产在树冠中下部老叶背面，块生，卵粒互不重叠，中间有空隙幼虫啃食叶片表皮或叶肉，被害叶呈纱网状斑痕，受惊扰吐丝下垂。

防控措施

农业防控

（1）**果园管理**。加强果园管理，增强树势，合理修剪，发现有结茧的枝叶及时剪除，减少虫源。结合修剪，清理果园，将病残枝及落叶集体烧毁。

（2）**树干涂白**。石榴休眠期树干涂白。

物理防控

杏星毛虫成虫具有飞翔能力差、交配时间长的特点，成虫交配期可组织人力捕杀，防治效果较好。

化学防控

幼虫孵化盛期和幼虫为害期，可采用90%晶体敌百虫1000～1500倍，或40%毒死蜱乳油1000～2000倍，或40%啶虫·毒死蜱乳油1500～2000倍液喷雾防治越冬幼虫或危害期幼虫，可起到良好的防治效果。也可采用溴氰菊酯、氰戊菊酯、阿维菌素、甲维盐、氯虫苯甲酰胺、氟苯虫酰胺、灭幼脲等毒杀幼虫。初次喷药后7～10天再喷一次，可取得良好的防治效果。

生物防控

保护和利用天敌。田间农事操作注意保护和利用麦粒茧蜂、梨星毛虫黑卵蜂、潜蛾姬小蜂、金光小寄蝇、常怯寄蝇、螳螂、猎蝽、昆虫病原线虫等。

盗毒蛾

学名： *Porthesia similis* Fuessly
科属： 鳞翅目毒蛾科
别名： 桑毒蛾、黄尾毒蛾、黄尾白毒蛾、桑褐斑毒蛾、金毛虫、桑毛虫、毒毛虫、毛毛虫等

危害特点

盗毒蛾食性极杂，可危害石榴、苹果、枣、梨、桃、杏、李、栗、榛子、葡萄、樱桃、柿、山楂、海棠、梅等果树；迎春花、牡丹、大理菊、李叶绣线菊、紫藤、梅花、桂花、蔷薇、月季、樱花、忍冬、木藤蓼等园林植物；桑、油茶、花椒、向日葵、饭豆、菜豆、小麦、菠菜等作物；杨树、柳树、杞柳、榆树、栎类、枫杨、槐、洋槐、泡桐、梧桐、桦、白桦、桤木、山毛榉等林木。盗毒蛾3龄幼虫在树皮缝隙、枯枝落叶层中做茧越冬。盗毒蛾产卵一般在枝干上或叶片反面。幼虫孵化后聚集在嫩芽、嫩梢、叶片上为害。5~9月是盗毒蛾幼虫危害叶最严重时期。初孵幼虫聚集在叶背危害叶肉，被害叶呈筛网状。3龄后则分散危害，将叶片咬成缺刻或只剩叶脉。4

盗毒蛾幼虫危害状

盗毒蛾成虫

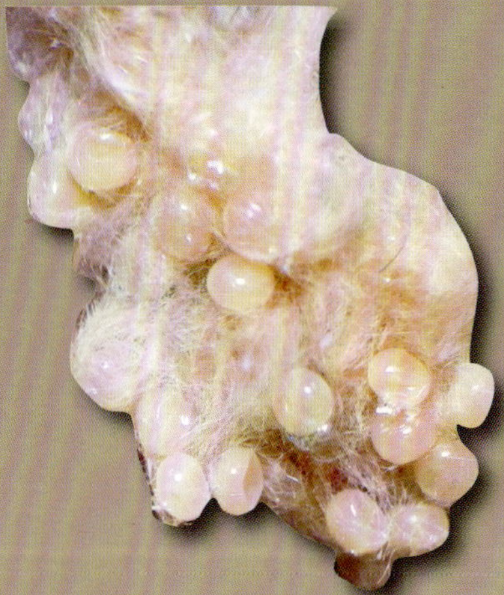

盗毒蛾卵

龄取食后只剩叶脉。5龄以后可将叶片全部吃光。成虫羽化多在下午、傍晚，飞翔活跃，深夜至凌晨取食交尾产卵，有趋光性。幼虫具假死性，受惊后体蜷缩，直接落地或吐丝下垂，昼伏夜出，一般夜间取食，白天潜伏于叶背、枝干背阴处。该虫毒毛触及人体常引发皮炎、瘙痒或局部疼痛，有的造成淋巴发炎。

形态特征

（1）**成虫**。雌虫体长12～20mm，翅展33～45mm，腹部较大，腹末黄棕色毛较多，触角单栉齿状，栉齿长度小于1mm；雄虫体长8～16mm，翅展20～40mm，触角双栉齿状，栉齿长度大于1mm。触角干正面白色，反面及栉齿棕黄色，下唇须白色，外侧黑褐色，腹部从第3节开始微带黄色至腹末变成棕黄色，腹末毛簇较长，前翅白色，三角形，有1～4对褐色斑。后翅白色，有的个体后翅外缘反面有1对浅褐色斑。前翅的内缘和后翅的缘毛较长。

（2）**卵**。长0.6～0.7mm，扁圆形，卵粒中间凹陷，四周隆起，有六棱形花纹，初产时黄白色，逐渐变成黄褐色，孵化前变成黑褐色。卵块表面覆有黄色鳞毛，每块卵9～200粒，最多500余粒。

（3）**幼虫**。幼虫共5龄，初孵幼虫浅黄色，2龄幼虫深黄色，3龄幼虫橘黄色，4龄幼虫以后颜色变化不大，5龄后体长15.5～40.0mm，头黑褐色，有光泽，体黑褐色，前胸背板黄色，具2条黑色纵线。体背面有一橙黄色带，在第1、2、8腹节中断，带中央贯穿一红褐间断的线，亚背线白色。气门下线红黄色。前胸背面两侧各有一向前突出的红色瘤，瘤上生黑色长毛束和褐色短毛，其余各节背瘤黑色，生黑褐色长毛和白色羽状毛，第5、6腹节瘤橙红色，生有黑褐色长毛。腹部第1、2节背面各有1对愈合的黑色瘤，上生白色羽状毛和黑褐色长毛。第9腹节瘤橙色，上生黑褐色长毛。

（4）**蛹**。长11.5～19.0mm，宽0.4～0.6mm，长圆筒形，黄褐色，体被黄褐色绒毛。腹部背面1～3节各有4个瘤。茧椭圆形，有越冬茧和夏茧。夏茧长14～22mm，质地较粗，从外往内分白色，浅黄色和黄褐色三层。越冬茧长5～15mm，分内外两室，内室为幼虫越冬场所，双层，占整个茧的2/3。外室单层，内有幼虫越冬前蜕皮。

发生规律

山西1年2代，华东、华中1年3～4代，贵州4代，珠江三角洲6代。3代区3月下旬至4月上旬果树发芽时越冬幼虫开始活动，危害石榴芽、叶片、花或幼果。4月下旬至5月上旬老熟幼虫在枝干缝隙或枝叶间缀叶化蛹，蛹期10～15天，5月中下旬至6月上旬越冬代成虫进入羽化盛期，3天后进入产卵盛期，6月上中旬幼虫孵化，7月上旬幼虫老熟化蛹，7月中旬至8月上旬出现第1代成虫，7月中下旬成虫进入产卵盛期，9月上中旬第2代成虫进入产卵盛期，卵产于枝干或叶片背面，每个雌虫可产卵200～600粒，多数由十几粒至上百粒聚在一起成块状，卵块外覆盖一层黄色绒毛，卵期7天，初孵幼虫孵化后群聚叶上取食，3龄后分散为害。9月下旬至10月上中旬2～4龄幼虫便进入越冬场所结茧越冬。

防控措施

农业防控

（1）**树干绑草**。秋季幼虫越冬前，在树干绑草诱集越冬幼虫。翌年幼虫开始活动前取下草环集中烧毁。

（2）**冬季清园**。石榴落叶后至翌年2月前清除老翘皮、杂物、枝叶等，集中烧毁或深埋，减少虫源。

物理防控

（1）**摘除卵块**。盗毒蛾卵块由十几粒至上百粒聚在一起，摘掉一块等于消灭十几至上百头幼虫，因此在成虫产卵盛期人工摘除卵块可取得良好效果。

（2）**灯光诱杀**。成虫期利用盗毒蛾成虫趋光性，用黑光灯诱杀处理，效果较好。

化学防控

害虫发生期，可采用40%毒死蜱乳油1000～2000倍，或10%吡虫啉可湿性粉剂2000～3000倍液，或5%甲维·高效氯氟氰菊酯水乳剂4000～6000倍液喷雾防治幼虫，可起到良好的防治效果。也可采用溴氰菊酯、氰戊菊酯、氟铃脲、甲维盐、氯虫苯甲酰胺、氟苯虫酰胺、灭幼脲等毒杀幼虫。初次喷药后7～10天再喷一次，可取得良好的防治效果。

生物防控

保护和利用天敌。田间农事操作注意保护和利用黑卵蜂、大角啮小蜂、矮饰苔寄蝇、桑毛虫绒茧蜂、螳螂、猎蝽等天敌昆虫。

苹小卷叶蛾

学名： *Adoxophyes orana* Fisher von Roslerstamm
科属： 鳞翅目卷蛾科
别名： 苹果小卷蛾、苹卷蛾、棉褐带卷蛾、棉卷蛾、远东褐带卷蛾、黄小卷叶蛾、舔皮虫、溜皮虫等

危害特点

苹小卷叶蛾可危害石榴、苹果、桃、梨、杏、李、樱桃、山楂、柑橘等果树；茶、棉花等作物；榆、杨等林木。苹小卷叶蛾以2龄幼虫在果树裂缝、翘皮、剪锯伤口、黏附在树枝上的枯叶下结白色茧越冬。越冬幼虫出蛰后首先危害果树新梢、顶芽、嫩叶。幼虫取食幼叶、花和果实，常吐丝缀连叶片，潜居缀叶中为害，形成虫

苹小卷叶蛾卷叶状

苹小卷叶蛾卷叶状

苹小卷叶蛾成虫

苞。幼虫稍大时将数个叶片用虫丝缠缀在一起，当虫苞叶片被取食完毕或叶片老化后，幼虫转出虫苞，重新缀叶结苞为害。幼虫活泼，受惊动时会爬出卷苞，吐丝下垂。除卷叶为害外，苹小卷叶蛾还可潜伏于叶与果、果与果相接的地方，舐食果面，造成损害。老熟幼虫在卷叶苞或果叶贴合处化蛹。幼虫有转果为害习性，能啃食套塑膜袋，进而危害果实。

形态特征

（1）**成虫**。体长6～9mm，翅展15～20mm，全身黄褐色。触角丝状，下唇须明显前伸。前翅深褐色，斑纹褐色。翅面上有2条浓褐色不规则斜向条纹，自前缘向外缘伸出，外侧的一条较细，中带前窄后宽，双翅合拢后呈“V”字形斑纹。后翅淡黄褐色，雄虫前翅基部具前缘褶。

（2）**卵**。扁椭圆形，长0.6～0.7mm，初产时为淡黄色，半透明；近孵化时呈黑褐色，数十粒成块呈鱼鳞状排列。

（3）**幼虫**。长13～18mm，低龄幼虫墨绿色，渐变为黄绿色，老龄幼虫翠绿色。

苹小卷叶蛾幼虫

虫体细长，头较小，头及前胸背板淡黄褐色，臀栉6～8根。

（4）**蛹**。长9～11mm，黄褐色，腹部2～7节背面各有两横排刺突，前面一排较粗且稀，后面一排细小而密。

发生规律

苹小卷叶蛾在河北、山东、陕西、山西、河南、江苏、安徽等地1年3～4代。以3代发生区为例，5月中下旬至7月上旬可见越冬代成虫，第1代为5月中下旬7月中旬至8月下旬，第2代为8月中下旬至9月中下旬。以4代发生区为例，5月中下旬出现越冬代成虫，第1代为6月下旬至7月上旬，第2代为8月上旬前后，第3代为9月中旬。成虫羽化时间多在17：00左右，具有较强的趋化性和趋光性，对糖醋液和黑光灯趋性较强。成虫白天很少活动，常在树上遮阴处静伏，夜间取食交配产卵。越冬代成虫羽化后2～3天产卵，喜欢产卵于较光滑的果面或叶片正面。卵期7天左右。初孵幼虫多分散在卵块附近叶片背面、重叠的叶片间和果叶贴合的地方，啃食叶肉或果面。秋末以末代幼虫越冬。

防控措施

农业防控

彻底清园，减少越冬虫源基数。幼虫出蛰前抹杀树上枯叶下幼虫。刮除大枝干老翘皮、粗皮、剪锯口周围死皮集中销毁，对较大伤口涂杀虫剂，消灭越冬幼虫。

物理防控

（1）**人工灭虫，及时摘除卷叶**。生长期及时摘除虫包，将幼虫和蛹捏死或处理。

（2）**树干绑草或诱虫带**。9月上旬主枝绑草把或诱虫带，诱集越冬幼虫，冬季集中销毁。

（3）**诱杀防控**。根据当地发生期，提前悬挂诱虫灯、频振式杀虫灯、糖醋酒液等，兼具测报和诱杀苹小卷叶蛾的效果。

化学防控

（1）**药剂处理**。苹小卷叶蛾越冬幼虫出蛰期和第1代卵孵化盛期是开展该虫防治的关键时期。可采用2.5%高效氯氟氰菊酯水乳剂1000～1500倍，或40%杀铃脲悬浮剂4000～5000倍，或6%阿维·氯苯酰悬浮剂1000～1500倍液喷雾毒杀幼虫。也可采用毒死蜱、溴氰菊酯、氰戊菊酯、阿维菌素、甲维盐、氯虫苯甲酰胺、氟苯虫酰胺、灭幼脲、乙基多杀菌素等在害虫发生期毒杀幼虫。初次喷药后7～10天再喷一次，可取得良好的防治效果。

（2）**性引诱剂**。根据当地发生期，提前悬挂苹小卷叶蛾性引诱剂，兼具测报和诱杀苹小卷叶蛾的效果。

生物防控

（1）**保护和利用天敌**。卵期天敌为赤眼蜂，每亩10万～12万头。幼虫天敌有狼蛛、甲腹茧蜂。

（2）**生物农药**。利用30亿PIB/mL斜纹夜蛾核型多角体病毒悬浮剂2000～4000倍，或8000IU/μL苏云金芽孢杆菌悬浮剂500～1000倍药液进行喷雾处理，效果较好。也可采用白僵菌等防控苹小卷叶蛾。

寄生蜂

大袋蛾

学名： *Clania vartegata* Snellen

科属： 鳞翅目蓑蛾科

别名： 大蓑蛾、蓑蛾、避债蛾、吊死鬼、背包虫、布袋虫、袋袋虫、皮虫等

危害特点

大袋蛾为果树、农作物、林木上重要害虫之一，食性杂，危害重，分布广。可危害石榴、苹果、梨、桃、杏、李、樱桃、核桃、板栗、柿、柑橘、荔枝、龙眼、枇杷等果树；玉米、棉花、大豆、花生等农作物；油茶、茶树、月季、红叶李、鹅掌楸、法国冬青、大叶黄杨、樱花、桂花、花椒、法桐、泡桐、枫杨、柳树、榆树、龙柏、侧柏、刺槐、银杏、栎树、雪松、君迁子、紫穗槐、臭椿、梅、紫荆、重阳木、麻栎、香樟、池杉、水杉等林木。以蔷薇科、豆科、杨柳科、胡桃科及悬铃木科植物受害较重，幼虫取食树叶、嫩枝及幼果，大发生时可将全部树叶吃光，是灾害性害虫之一。

形态特征

（1）**成虫**。雌雄异形。雌成虫无翅，无足，形状似蛆，乳白色，肥胖呈蛆状，头小、黑色、圆形，触角退化为短刺状，棕褐色，口器退化，胸足短小，腹部8节均有黄色硬皮板，节间生黄色鳞状细毛。雄虫有翅，翅展26～33mm，体黑褐色，触角羽状，前、后翅均有褐色鳞毛，前翅有4～5个透明斑。

大袋蛾雌雄成虫（左雌右雄）

①大袋蛾袋囊
②大袋蛾幼虫袋囊

（2）**卵**。长约0.9mm，椭圆形，淡黄色，有光泽。

（3）**幼虫**。初龄幼虫黄色，少斑纹，3龄时能区分雌雄。雌性老熟幼虫体长25～40mm，粗肥。头部赤褐色，头顶有环状斑。胸部背板骨化，亚背线、气门上线附近有大型赤褐色斑，呈深褐淡黄相间的斑纹，腹部黑褐色。各节有皱纹。腹足趾钩缺环状。雄幼虫老熟时体长18～25mm，头黄褐色，中央有一白色“八”字形纹，胸部灰黄色，背侧亦有2条褐色纵斑，腹部黄褐色，背面较暗，有横纹。袋囊内老熟幼虫长40～70mm，丝质坚实，囊外附有较大碎叶片，也有少数排列零散的树枝。

（4）**蛹**。雌蛹体长28～32mm，赤褐色，似蝇蛹状，头胸附器均消失，枣红色。雄蛹长18～24mm，暗褐色，翅芽伸达第3腹节后缘，第3～5腹节背面前缘各有一横列小齿，尾部具有2枚小臀刺。

发生规律

在山东、河南、江苏、浙江、安徽、江西、湖北等地1年1代，南京和南昌极少数地区1年2代。以老熟幼虫在袋囊中挂在树枝梢上越冬。以河南郑州为例，大袋蛾翌年4月中下旬幼虫恢复活动，但不取食。雄虫5月中旬开始化蛹，雌虫5月下旬开始化蛹，雄成虫和雌成虫分别于5月下旬及6月上旬羽化，并开始交尾产卵。6月中旬幼虫开始孵化，6月下旬至7月上旬为孵化盛期，8月上中旬食害剧烈，9月上旬幼虫开始老熟越冬。成虫羽化一般在傍晚前后，雄蛾在黄昏时刻比较活跃，有趋光性，以夜间

20：00～21：00诱到的雄蛾最多，约占全夜诱获量的80%。雌虫终生栖息于袋囊中，雄成虫从雌虫袋囊下端孔口伸入交尾器进行交配。雌虫产卵于袋囊中，每一雌虫可产卵2000～3000粒，最多可达5000余粒。初孵幼虫自袋囊中爬出，群集于周围叶片上，后吐丝下垂，顺风传布蔓延，4级风可顺风飘落500m以外。以丝撮叶或少量枝梗营造囊护体，幼虫隐匿囊中，袋囊随虫龄不断增大，取食迁移时均负囊活动，故有袋蛾和避债蛾之称。3龄后，食叶穿孔或仅留叶脉。幼虫昼夜取食，以夜晚食害最凶，严重时可听到沙沙的食叶声。大袋蛾一般在干旱年份最易猖獗成灾，6～8月总降水量在300mm以下时，将会大量发生，在509mm以上时发生少，不易成灾。主要是降水后空气湿度大，影响幼虫的孵化并易引起患病死亡。

防控措施

农业防控

严格检疫。苗木调运时严防大袋蛾传播。

物理防控

（1）**人工摘袋或捕杀**。秋、冬季石榴落叶后，结合整枝修剪，人工摘除袋囊、消灭越冬幼虫，压低虫口基数。大袋蛾的越冬虫袋，自树木落叶到第2年新叶长出，至少要有4～5个月的时间，这期间虫袋在枝条上非常明显。5年生以下幼树，可进行人工摘袋，把袋蛾幼虫集中处理，消灭越冬幼虫。只要摘袋彻底，定能收到控制虫害的效果。

（2）**诱杀成虫**。利用黑光灯、频振式杀虫灯等措施诱杀成虫，效果显著。

化学防控

（1）**药剂处理**。幼虫孵化后，用90%晶体敌百虫1000～2000倍，或20%氰戊菊酯乳油10000～20000倍，或20%阿维·灭幼脲可湿性粉剂500～1000倍喷雾处理，要求喷雾细致均匀、喷湿袋囊，特别要照顾到树冠顶梢部位。也可采用毒死蜱、溴氰菊酯、甲维盐、氯虫苯甲酰胺、氟苯虫酰胺、灭幼脲、乙基多杀菌素等药剂在害虫发生期毒杀幼虫。

（2）**利用性诱剂诱杀成虫**。利用性诱剂诱杀雄蛾，效果显著。成虫多在傍晚羽化，雄蛾黄昏后飞翔最为活跃，防治效果好。

生物防控

（1）**引进繁殖、饲养、助迁、招引优势天敌**。大袋蛾的天敌主要有衰蛾黑瘤姬蜂、黑瘤姬蜂、家蚕追寄蝇、筒须追寄蝇、螳螂、蜘蛛、灰喜鹊、大山雀、喜鹊、家雀等。

（2）**生物农药**。推广施用致病细菌、真菌、病毒等生物制剂。如白僵菌、苏云金芽孢杆菌、大袋蛾核多角体病毒(NPV)等。

铜绿丽金龟

学名： *Anomala corpulenta* Motschulsky
科属： 鞘翅目丽金龟科
别名： 铜绿丽金龟子、铜绿异丽金龟、铜绿金龟子、青金龟子、淡绿金龟子、蛴螬等

危害特点

铜绿丽金龟食性较杂，可危害石榴、苹果、梨、杏、桃、樱桃、山楂、海棠、沙果、李、梅、柿、核桃、板栗、柑橘、梅、龙眼、柠檬等果树；薯类、向日葵、花生、大豆、瓜类、烟草等作物；白蜡、美人梅、碧桃、红叶李、香石竹、吊钟花、茶花、夹竹桃、扶桑、红千层、月季、花红、樱花、蔷薇、女贞、美人蕉等园艺植物；红枫、枫杨、蝴蝶果、喜树、桉树、白蜡、榔榆、油桐、乌桕、油橄榄、栎、杨、柳、榆、槐、柏、桐、松、杉、桧柏等林木。铜绿丽金龟幼虫在地下土中危害石榴幼嫩须根，造成植株营养不良，严重时可引起石榴叶片枯黄、落叶，甚至死亡。成虫取食叶片，形成不规则缺刻、孔洞。严重时仅存叶脉和叶柄，甚至光枝秃秆，影响石榴的观赏、生长、产量和品质。除成虫期外，铜绿丽金龟卵、幼虫、蛹期均生活于地下，生长周期长，危害隐蔽，给生产防治带来很大困难，铜绿丽金龟是世界性较难防治的地下害虫之一。

形态特征

（1）**成虫**。体长15～22mm，宽8.0～10.5mm，铜绿色，有光泽，长卵圆形。前胸背板发达，密生刻点，小盾片色较深，有光泽，两侧边缘淡黄色。鞘翅色浅，上有不明显的3～4条隆起线。胸部腹板及足黄褐色，上着生有细毛。腹部黄褐色，密生细绒毛。复眼深红色，触角9节。鳃浅黄褐色，叶状。六足等长，长度相近，胫节内侧有尖锐锯齿。足腿节和胫节黄色，其余均为深褐色，前足胫节外缘具2个钝齿，前足、中足大爪分叉，后足大爪不分叉。

（3）**卵**。乳白色，初产时椭圆形或长椭圆形，长1.6～2.0mm，宽1.3～1.5mm。卵孵化前几成圆，淡黄色。

（3）**幼虫**。体乳白色，头部黄褐色。初孵幼虫2.5mm左右。老熟幼虫体长30～40mm，头宽5mm左右，蜷曲呈“C”字形。臀节肛腹板两排刺毛交错，每列10～20根。肛门孔为横裂状。

（4）**蛹**。长18～20mm，宽9～10mm，长椭圆形，裸蛹。初为浅白色，渐变为淡褐色，羽化前为黄褐色。

①铜绿丽金龟成虫
②铜绿丽金龟幼虫

发生规律

铜绿丽金龟1年1代，以3龄幼虫土中越冬。翌年春季，越冬幼虫开始上升活动、取食为害。华北地区一般在4月中下旬开始活动，5月上旬开始化蛹，5月中旬成虫开始出现，6～8月为危害盛期。适宜活动温度为23～25℃，相对湿度为70%～80%。成虫多在黄昏时活动，取食或交尾。晚上20：00～23：00为活动高峰，至凌晨3：00～4：00潜伏土中。成虫喜欢栖息于疏松潮湿的土壤中，有趋光性、假死性和群集性。6月中下旬成虫交尾产卵。雌成虫每次产卵20～30粒，散产于石榴树下土中6～15cm处。10天左右孵化，初孵幼虫危害石榴及其他林木、杂草等根茎。10月上中旬幼虫钻入深土中越冬。

糖醋酒液＋灯光诱杀

防控措施

农业防控

（1）**栽培管理**。选择抗虫品种，加强栽培管理，增强树势，提高植株抗性。

（2）**果园翻耕**。结合冬、春季深耕翻土整地，捕杀幼虫、蛹和成虫，降低害虫基数。

（3）**肥料管理**。果园农家肥、土杂肥等一定要腐熟方可施用。

（4）**清园处理**。通过清园除去杂草、杂物、落叶等，降低铜绿丽金龟幼虫、蛹等越冬数量。

（5）**寄主诱杀**。在石榴园四周、路边、田埂种植铜绿丽金龟喜食而又能使其中毒的蓖麻，让其食叶，中毒死亡。

物理防控

（1）**人工捕捉**。6~7月傍晚铜绿丽金龟雨后一般为羽化期，常集中飞出，觅偶、交配、取食等。此时可人工捕捉，捡拾喂鸡或其他处理。

（2）**灯光诱杀**。利用铜绿丽金龟成虫趋光性，于夜间悬挂黑光灯、紫光灯、频振式杀虫灯等诱杀成虫，集中处理。

（3）**糖醋酒液诱杀**。利用铜绿丽金龟趋化性，在石榴园每隔50m悬挂糖醋酒液罐，诱杀该虫。

化学防控

（1）**喷雾处理**。在铜绿丽金龟成虫发生期，采用40%毒死蜱乳油1000~2000倍，或35%氯虫苯甲酰胺水分散粒剂1000~2000倍，或300g/L氯虫·噻虫嗪悬浮剂1500~2500倍，可有效控制其危害，达到良好防治效果。

（2）**灌根处理**。在铜绿丽金龟卵和初孵幼虫期，利用40%毒死蜱乳油1500~2000倍，或40%辛硫磷乳油1000~2000倍，或300g/L氯虫·噻虫嗪悬浮剂1500~3000倍，进行灌根处理，可有效控制卵的孵化并毒杀初孵幼虫。

（3）**洞孔注药处理**。在幼虫盛发期前3~5天，用锥形木棒在树干周围15~20cm处，向内倾斜打深15cm 3个呈三角分布洞孔，同时在树干基部打1个深10cm洞孔，随后注入拌有40%氯虫·噻虫嗪水分散粒剂的适量细砂，密封孔口并灌水，可有效毒杀幼虫。

（4）**引诱法**。利用性信息素诱杀铜绿丽金龟。捕捉雌虫，将其腹部后3节磨碎涂于载体上，并设置水盆陷阱，诱集雄虫，落水溺杀。

生物防控

利用100亿/g孢子含量乳状芽孢杆菌每亩用菌粉0.15 kg均匀撒入土中，可使铜绿丽金龟幼虫（蛴螬）感病致死，可达到理想防治效果。利用昆虫病原线虫通过撒施、泼浇、喷雾等方法处理，可起到一定的防治效果。

桑天牛

学名： *Apriona germari* Hope

科属： 鞘翅目天牛科

别名： 桑褐天牛、黄褐天牛、褐天牛、桑干黑天牛、桑牛、桑粒肩天牛、粒肩天牛、铁炮虫、水牛、大羊角、羊角、蛀心虫、钻心虫、老母虫、蛀干虫等

危害特点

桑天牛可危害石榴、苹果、梨、海棠、沙果、无花果、山核桃、樱桃、柑橘、枇杷等果树；桑、油桐、刺槐、柳、榆、构、朴、枫杨、毛白杨、白杨、欧美杨等林木。桑天牛主要以幼虫侵入石榴韧皮部或木质部危害，向下蛀食，隧道内无粪屑，隔一定距离向外蛀一通气排粪屑孔，排出大量粪屑，削弱树势，重者造成树干中空，引起树木折断或枯死。成虫主要食害嫩枝皮，被害伤疤呈不规则条块状，伤疤边缘残留

桑天牛幼虫
http://mL3552389041like.lofter.com/post/305111_149e7b2

绒毛状纤维物，枝条四周皮层被害，即凋萎枯死。最新研究证明，成虫只有取食桑科植物后才能完成发育至产卵。产卵前昼夜均取食，有假死性，如用木棍突然敲打枝干，即惊落地面，极易捕捉。桑天牛防治是世界性难题之一，目前为止仍无很好的办法。该虫对石榴为害率一般为20%～50%，粗放管理果园可达100%。

形态特征

（1）**成虫**。体长30～50mm，宽10～15mm。雌性个体大于雄性。体密被绒毛、体背青棕色，腹面棕黄色，触角11节，自第3节始各节基部1/3～1/2被灰白色绒毛。雌雄触角差异较小，均超过体长约10mm。柄节端疤开放式。口器下口式。复眼下叶大，横宽，宽于额，长于颊。前胸背板显著宽大于长。侧刺发达，末端尖锐，中胸小盾片半圆形，鞘翅中缝、侧缘和端缘有1条青灰色狭边。鞘翅长形，两侧缘平行，后端狭窄，端缘斜切，缘角和缝角均呈刺状突起。基部具许多黑色光亮的瘤状突起。

（2）**卵**。长5～7mm，长椭圆形，前端较细略弯曲，黄白色。

（3）**幼虫**。老熟幼虫长45～60mm，长圆柱形，乳白色，体壁柔薄，具有极细的毛。头部略扁，收缩在前胸内，可外伸。具单眼。触角3节，不明显。口器咀嚼式，着生在头前方。前胸稍膨大，为身体最宽处，无皱纹，具短刺。无足。胸部气门1个，椭圆形，位于前、中胸侧。腹部9节，气门8个位于1～8节上。

（4）**蛹**。长约40mm，宽约16mm。裸蛹，初为淡黄色，后变黄褐色。触角11节，末6节圈成圆贴于胸腹前，前、中足曲于胸前，鞘翅插于中足和后足间贴于胸腹下。腹节9节，腹部第1至6节背面两侧各有1对刚毛区，尾端较尖削。轮生刚毛。

发生规律

桑天牛生活史国内因地区存在差异，总体上随着纬度的北移而延长。在江苏、浙江、江西、湖南、湖北等地为2年1代，在河北、山东地区2～3年1代。桑天牛以幼虫在枝干内越冬，其幼虫历期时间不等，蛹期23～30天。桑天牛成虫羽化期极不整齐，给防治带来很大困难。桑天牛全国范围来说一般为3月下旬至11月下旬发生。江西为6月上旬至8月下旬，河北为6月下旬至8月中旬。以江西为例，幼虫经2个冬季后，在第3年4月底5月初开始化蛹，5月中旬化蛹盛期，6月底结束。成虫出现期始于6月上旬，6月中下旬至7月中旬大量发生，8月初锐减，个别可以活到8月下旬。成虫产卵期在6月中旬至8月上旬。卵孵化期在6月下旬至8月中旬。卵期8～15天，平均12.7天。幼虫历期22～23个月，危害期达16～17个月。蛹期26～29天，成虫羽化后，常在蛹室内静伏5～7天；自羽化孔钻出后，寿命长约40天，产卵延续期为20天左右。成虫取食10～15天后交尾产卵，产卵前先用上颚咬破皮层和木质部，呈“U”字形刻槽，卵即产于刻槽中，槽深达木质部，长12～20mm，平均17mm，每槽产卵1粒。产后用黏液封闭槽口，以保护卵

桑天牛成虫

粒。成虫产卵多在夜间进行，一般20：00左右开始至次日4：00左右结束，在天未亮前又飞回白天栖息的树上继续取食。1个雌虫1晚能产卵3～4粒，每产完1～2粒卵，便静息或飞迁1次。每雌虫1生可产卵100余粒。卵多产于径粗5～35mm的枝干上，以粗10～15mm枝条密度最大，约占80%，产卵刻槽高度依寄主大小而异，距地面1～3m均有。初孵幼虫先向上蛀食10mm左右，即调头沿枝干木质部往下蛀食，逐渐深入心材，如植株较矮小、下蛀可达根际。幼虫在蛀道内，每隔一定距离向外咬一圆形排泄孔，粪便即由虫孔向外排出。排泄孔径随幼虫增长而扩大，孔间距离，则自上而下逐渐增长，其增长幅度依寄主植物而不同。幼虫多在下部排泄孔处，只有在越冬期内蛀道底部有积水时上移。幼虫越冬时，在头上方常有木屑。如被害枝因风折断，蛀道断口处亦多塞有木屑。幼虫老熟后，即沿蛀道上移，超过1～3个排泄孔，先咬羽化孔的雏形，向外达树皮边缘，使树皮出现臃肿或断裂，常见树汁外流。此后，幼虫又回到蛀道内选择适当位置建造蛹室并在其中化蛹，蛹室长40～50mm，宽20～25mm，蛹室距羽化孔70～120mm。羽化孔圆形，直径为11～16mm，平均14mm。

防控措施

农业防控

（1）**清园处理**。结合修剪除掉虫枝，集中处理。

（2）**树干涂白**。成虫发生前在树干和大枝上涂抹白涂剂，以防产卵。

物理防控

（1）**人工捕杀**。成虫发生期每天傍晚巡视果园，及时捕杀成虫，消灭在产卵之前。成虫白天不活动，可振动树干使虫落地捕杀。成虫产卵盛期后挖卵和初龄幼虫。

（2）**刺杀幼虫和蛹**。防治时可选最下边的1个新粪孔，将蛀屑掏出，然后用钢丝或金属针插入孔道内，钩捕或刺杀幼虫。

化学防控

（1）**注射防控**。幼虫发生盛期，对新排粪孔，采用25%高效氯氰菊酯乳油500～1000倍液，或10%吡虫啉可湿性粉剂500～800倍液，4%阿维·啶虫脒乳油800～1000倍用兽用注射器注入蛀孔内，施药几天后，及时检查，如还有新粪排出及时补治。每孔最多注10mL药液，然后用湿泥封孔，杀虫效果很好。

（2）**喷雾处理**。在幼虫尚未蛀入木质部前，可选用25g/L溴氰菊酯乳油1500～3000倍液，或40%毒死蜱微乳剂1500～2000倍液，或4%阿维·啶虫脒乳油1500～3000倍药剂喷洒枝干，毒杀卵及幼虫，在孵化盛期连续喷药或更换不同药剂可提高防治效果。

生物防控

利用卵啮小蜂、卵长尾啮小蜂、花绒寄甲、川硬皮肿腿蜂、管氏肿腿蜂防治桑天牛，可达到理想效果。

星天牛

学名： *Anoplophora chinensis* Forster
科属： 鞘翅目天牛科
别名： 柑橘天牛、华星天牛、花牯牛、水牛姆、花角虫、牛角、水牛娘、水牛仔、钻木虫、铁炮虫等

危害特点

星天牛具有分布广、食性杂、繁殖快、防治难、危害重等特点，可危害石榴、苹果、梨、杏、柿、桃、李、樱桃、核桃、无花果、柑橘、砂糖橘、金橘、枇杷、杨梅、龙眼、沙田柚等果树；紫薇、桑、香椿等园艺植物；悬铃木、法桐、柳树、垂柳、洋白蜡、白桦、河桦、榆树、苦楝、刺槐、复叶槭、挪威槭、银槭、旱柳、红叶杨、合作杨、毛白杨、意杨、新疆杨、美国红枫、五角枫、华北五角枫、木麻黄、弗吉尼亚栎、柳叶栎、纳塔栎、水栎等林木。该虫既蛀食大树，也取食幼树。幼虫一般蛀食较大植株的基干，在木质部乃至根部为害，树干下有成堆虫粪，使植株生长衰退乃致死亡。成虫咬食嫩枝皮层，形成枯梢，也可食叶成缺刻状。

星天牛成虫

形态特征

（1）**成虫**。长 25～35mm，宽8～13mm。体黑色，光亮，头和腹部腹面被银灰色细毛。触角鞭状，第1、2节黑色，其他各节基部1/3有淡蓝色毛环，其余部分黑色；雌虫触角超出身体1、2节，雄虫触角超出身体4、5节。前胸背板前方有2个小突起，两侧各有1个刺状突起。鞘翅基部有许多颗粒突起，每翅面有白色毛斑约20个。

（2）**卵**。长5.0～6.0mm，宽约2.4mm，长椭圆形，乳白色，具光泽，孵化前黄褐色。

（3）**幼虫**。老熟幼虫体长38～60mm，乳白色至淡黄色。头棕色，大颚发达黑褐色，胸部粗大，背板前缘后有横向褐色曲1道，足退化。腹部各节背面的移动器椭圆形，中央凹陷并有横钩，周围具不规则隆起，密生细刺突。

（4）**蛹**。长30～38mm，纺锤形，乳白

色，羽化前褐色，复眼卵圆形，触角伸于腹部在第2对胸足下呈环形卷曲。

发生规律

星天牛南方1年1代，北方1～2年1代。以老熟幼虫在木质部蛀道内越冬，3月下旬越冬幼虫开始活动，继续危害木质部，5月下旬老熟幼虫化蛹，6月中旬成虫开始羽化，羽化孔多在蛀道顶端，圆形直径8～13mm。7月中旬为羽化盛期，羽化后10～15天多在傍晚交尾。交尾后3～4天产卵，产卵刻槽呈“T”字形或“人”字形，卵经过10天左右开始孵化，8月为孵化盛期。初孵幼虫先啃食刻槽腐烂部分，后蛀入木质部，持续危害至11月下旬。

防控措施

农业防控

（1）**清园处理**。结合修剪除掉虫枝，集中处理。

（2）**树干涂白**。成虫发生前在树干和大枝上涂抹白涂剂，以防产卵。

物理防控

（1）**人工捕杀**。利用星天牛成虫在上午10：00以前和下午16：00以后有假死性的特点，撞击树干，使成虫掉落进行捕杀。

（2）**刺杀幼虫和蛹**。防治时可选最下边的1个新粪孔，将蛀屑掏出，然后用钢丝或金属针插入孔道内，钩捕或刺杀幼虫。

化学防控

（1）**注射处理**。幼虫发生盛期，对新排粪孔，采用25%高效氯氰菊酯乳油500～1000倍液，或10%吡虫啉可湿性粉剂500～800倍液，或4%阿维·啶虫脒乳油800～1000倍用兽用注射器注入蛀孔内，施药后几天，及时检查，如还有新粪排出及时补治。每孔最多注10mL药液，然后用湿泥封孔，杀虫效果很好。

（2）**喷雾处理**。在幼虫尚未蛀入木质部前，可选用25g/L溴氰菊酯乳油1500～3000倍液，或40%毒死蜱微乳剂1500～2000倍液，4%阿维·啶虫脒乳油1500～3000倍药剂喷洒枝干，毒杀卵及幼虫，在孵化盛期连续喷药或更换不同药剂可提高防治效果。

生物防控

（1）**生物药剂**。利用白僵菌、花绒寄甲等天敌防治星天牛，可达到理想效果。在星天牛的幼虫和蛹期释放捕食性天敌花绒寄甲。释放时，将花绒寄甲成虫或卵释放盒固定在天牛刻槽附近即可，每亩最佳释放量为成虫40头，卵2000粒。连续释放3年以上，可持续控制天牛等蛀干害虫的发生。

（2）**保护和招引啄木鸟，提高自然控制率**。如大斑啄木鸟等对天牛有较好的控制效果。

柑橘小实蝇

学名： *Bactrocera dorsalis* Hendel
科属： 双翅目实蝇科
别名： 橘小实蝇、柑橘小实蝇、东方果实蝇。俗称针锋、果蛆、黄苍蝇、蛀果虫、瓜蛆、食心虫等

危害特点

柑橘小实蝇食性复杂，寄主范围广，有报道其寄主多达46个科400余种。该虫因繁殖速度快、爆发性强、传播距离远、危害性大等特点成为国内水果和蔬菜的“头号杀手”。柑橘小实蝇主要危害石榴、桃、枣、李、柿、苹果、葡萄、巴西樱桃、杏、梨、无花果、草莓、柑橘、酸橙、甜橙、柚子、芦柑、温州蜜柑、香蕉、杧果、杨桃、番木瓜、西番莲、青枣、番石榴、枇杷、番荔枝、龙眼、荔枝、黄皮、蒲桃、红毛丹、人心果等果树；辣椒、红茄、苦瓜、丝瓜、香瓜、葫芦、瓠子、番茄、西瓜、黄瓜、冬瓜、南瓜、小瓜等蔬菜；柑橘小实蝇是世界许多国家和地区的重要检疫对象，在我国被列为二类检疫性害虫。近年来，由于全球气候转暖、物流业发展等原因，北方部分地区也出现柑橘小实蝇为害。目前，柑橘小实蝇能否在北方越冬及发生代数、危害情况尚无定论。有关石榴上柑橘小实蝇的为害发生情况主要为南方报道。柑橘小实蝇主要以幼虫取食危害石榴果实。雌成虫将卵产在果实表皮下，产卵孔呈现针头状小点，表皮有汁液流出，后凝结成一个突起的小黑点。卵在果实内孵化，初孵化幼虫具有群集取食的习性。随着幼虫龄期增加，食量增大，向果肉深层扩展取食，并在果肉组织内形成潜道。石榴果实无脱落、腐烂现象。幼虫老熟后自果实内钻出，以弹跳方式在地面移动寻找适宜地点化蛹，部分未脱离果实的老熟幼虫也可在果实内部化蛹。柑橘小实蝇幼虫潜居石榴果实危害，初期危害症状常难以察觉。近年来，柑橘小实蝇危害加重的趋势，轻者损失5%～20%，重者损失50%以上，部分地区甚至有绝产现象。该虫可随石榴果实或其他媒介以幼虫、蛹等形式随包装物、运输工具传播。当传入非疫区的环境条件适宜时，可迅速蔓延、流行，对当地构成严重威胁，造成经济损失，严重影响石榴产业的健康发展。各级政府、检疫、植物保护等部门应该足够重视，一旦发现，及时捕杀，防止扩散。

形态特征

（1）**成虫**。体长7～8mm，翅透明，翅脉黄褐色，有三角形翅痣。全体深黑色和黄色相间。复眼金绿色，触角黄色，芒状，角芒长。胸部共有鬃11对，多为黄褐色，

柑橘小实蝇成虫危害状

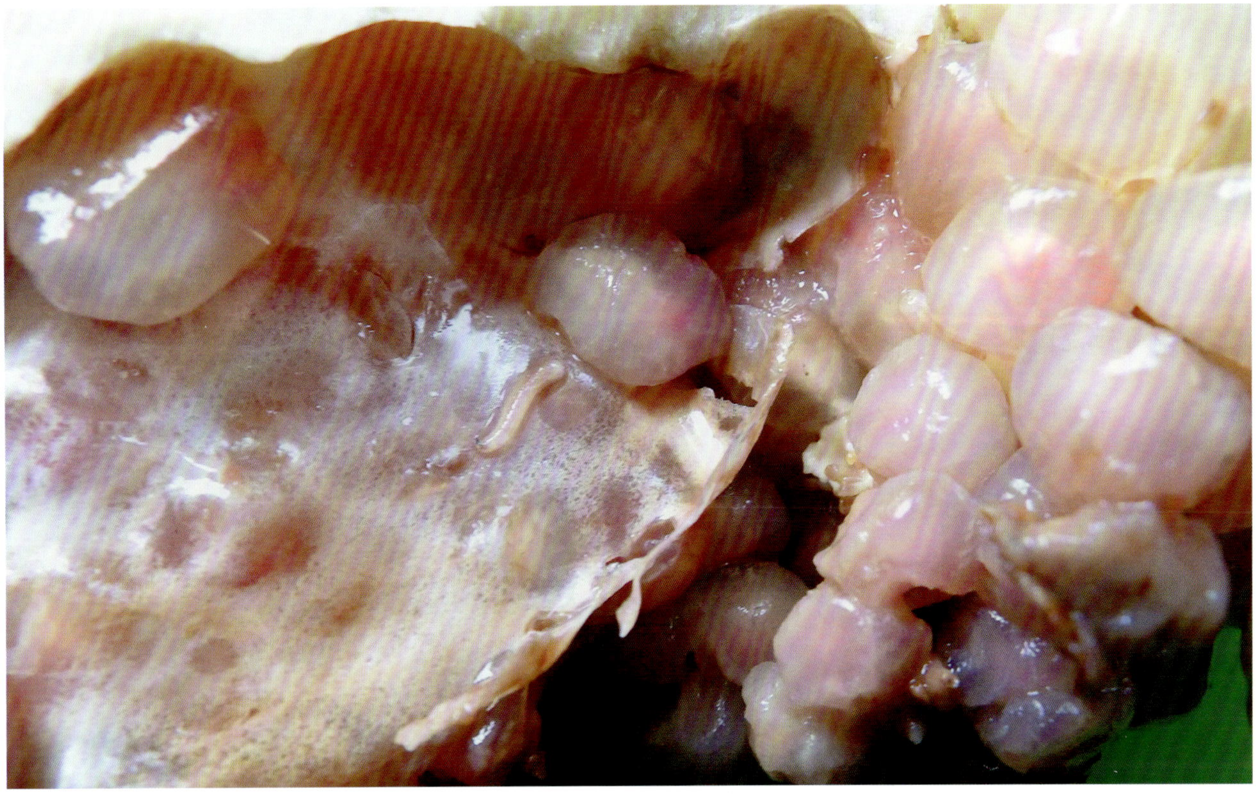

柑橘小实蝇幼虫及危害状

包括肩板鬃2对，背侧鬃2对，前翅鬃1对，后翅鬃2对，中侧板鬃1对，翅侧片鬃1对，小盾前鬃1对，小盾端鬃1对。胸部背面大部分黑色，但黄色的“U”字形斑纹十分明显。腹部黄色，第1、2节背面各有一条黑色横带，从第3节开始中央有一条黑色的纵带直抵腹端，构成一个明显的“T”字形斑纹。雌虫产卵管发达，由3节组成。

（2）**卵**。长1.0～1.5mm，宽约0.1mm，长椭圆形，乳白色，中部微弯，精孔一端稍尖，尾端略钝。卵期一般1～2天。

（3）**幼虫**。1龄幼虫体长1.2～1.3mm，2龄体长2.5～6.8mm，3龄体长7.0～12.0mm。1龄幼虫体半透明，2龄、3龄为乳白色，3龄以后的老熟幼虫为橙黄色。圆锥形，前端细小，后端圆大，两端近透明，由大小不等的11节组成。口钩黑色。前气门具9～10个指状突，后气门位于末端偏上方，新月形，气门板有3个长椭圆形裂孔。

（4）**蛹**。长5.0～8.0mm，宽约2.5mm，围蛹，椭圆形，初化蛹时淡黄色，后逐渐变成红褐色。头部稍尖，在其腹面部分有一黑点，幼虫期的前后气门痕迹仍然存在，羽化前略带金绿色光泽。蛹期7～10天。

发生规律

关于柑橘小实蝇对石榴危害的报道仅见于云南建水、山东泰安。资料尚不完备。山东泰安地区，宫庆涛等2016—2018年连续3年发现柑橘小实蝇成虫及危害，尚不明确是由于水果调运等原因造成还是可安全越冬。云南建水地区，张祖兵等相关报道发现，柑橘小实蝇有2次发生高峰，分别出现在8月中旬和9月中旬。11月下旬至翌年6月，石榴园中基本没有柑橘小实蝇的迁飞活动。7月份果园中有柑橘小实蝇成虫的迁飞活动，但不危害石榴果实。随着石榴果实成熟，果园中虫口密度逐渐增大，危害严重。另外，袁盛勇等发现，酸石榴受害稍重于甜石榴，具体原因有待研究。

防控措施

农业防控

（1）**严格检疫，加强产地和调运检疫**。随着贸易、货物流动加快，对进行柑橘小实蝇寄主材料检查检疫显得尤为重要，这是杜绝柑橘小实蝇危害蔓延，及时扑灭疫情，降低经济损失的重要手段。

（2）**合理布局，减轻危害**。根据柑橘小实蝇嗜好水果和蔬菜作物的特性，将嗜好作物、非嗜好作物、非寄主植物合理布局，轮作或不连片种植嗜好作物，可有效地减轻柑橘小实蝇危害。

（3）**翻耕灭蛹**。冬、春季节将果园及周边土地翻耕，可有效降低害虫基数，降低危害。

（4）**成片种植单一果树和品种**。在石榴园内及周边避免桃、枣、柿子、苹果、梨、柑橘、杧果、番石榴、番荔枝等果树以及番茄、苦瓜等蔬菜的种植，目的是切断

石榴受害果随意丢弃

①柑橘小实蝇诱杀防控
②诱集效果

柑橘小实蝇的食物链，减轻危害。

（5）**害果处理**。及时摘除受害果及落果，并集中水浸、焚烧、深埋、沤肥或石灰处理，降低幼虫入土化蛹风险。

（6）**抗性育种**。选用种植抗性品种和成熟期早的石榴品种，避开柑橘小实蝇高发期，减轻危害。

（7）**实时采收**。实时采收进入采收期的石榴果实，降低受害风险。

物理防控

（1）**黄板或绿球诱杀**。利用柑橘小实蝇成虫偏嗜黄板或绿球的行为，诱杀成虫。

（2）**果实套袋**。选择适当的果袋对石榴进行套袋处理。套袋时间应根据当地石榴生育期，结合柑橘小实蝇发生情况确定。一般原则是在生理落果和疏果后方可套袋，套袋宜选择白天气温22～26℃时进行，气温达到28℃时不宜套袋。

化学防控

（1）**性诱剂（类似物）诱杀**。使用诱集罐诱杀雄性成虫，可以有效降低雌性成虫交配几率，降低果园虫口密度。

（2）**毒饵诱杀**。柑橘小实蝇成虫交尾后有补充营养交配产卵的习性，利用诱集能力较强的寄主植物、水解蛋白等混入杀虫剂毒杀成虫，压低虫源。

（3）**树冠喷药**。在柑橘小实蝇成虫发生初期，采用90%晶体敌百虫1000～1500倍，或1.8%阿维菌素乳油800～1000倍，或2.4%阿维·高效氯氟氰菊酯可湿性粉剂800～1500倍进行喷雾处理，5～7天施药一次，重复3～4次，可有效杀灭雌雄成虫。喷药时间以上午10：00前或下午16：00后为宜。

（4）**土壤处理**。适时、适度进行地面喷药灭杀入土化蛹幼虫或新羽化成虫。可采用50%辛硫磷乳油800～1000倍，或1.8%阿维菌素乳油800～1000倍，或20%氰戊菊酯乳油3000～5000倍喷施石榴树冠下地面，每周一次，连喷2～3次，防治效果较好。

生物防控

（1）**果园家禽饲养**。果园放养鸡、鸭、鹅等家禽，可在一定程度上起到防治效果，且增加部分收入。

（2）**利用昆虫病原线虫**。昆虫病原线虫（Entomopathogenic nematode，简称EPN）是昆虫专化性寄生天敌，一般专指斯氏线虫科（Steinernematidae）和异小杆线虫科（Heterorhabditidae）两类。昆虫病原线虫搜索寄主能力强，有侵染效果好、对哺乳动物安全等特点，潜力较大。研究发现小卷蛾斯氏线虫（*Steinernema carpocapsae*）A1品系、A24品系、夜蛾斯氏线虫（*Steinernema feltiae*）SN品系和嗜菌异小杆线虫（*Heterorhabditis bacteriophora*）H06品系，对柑橘小实蝇具有较好侵染效果，可在防治中适度推广。

（3）**保护和利用天敌**。柑橘小实蝇自然寄生蜂、绿僵菌、白僵菌等对柑橘小实蝇有一定的控制效果。

同型巴蜗牛

学名： *Bradybaena similaris* Ferussac
科属： 软体动物门腹足纲柄眼目巴蜗牛科
别名： 小螺丝、山螺丝、小螺蛳、触角螺、旱螺、小旱螺、蜒蚰螺、蜗牛等

危害特点

同型巴蜗牛是果树、农作物上的重要害虫，发生量大，危害范围广且严重。可危害石榴、枣、海棠、猕猴桃、柑橘、无核蜜橘、南丰蜜橘、脐橙、甜橙、椪柑、青柑、柚等果树；叶类蔬菜、白菜、萝卜、甘蓝、花椰菜、瓜类、蚕豆等蔬菜；大豆、玉米、甘薯、马铃薯、甘蔗、莪术、红参、白术、油菜、棉花、茶叶、绿肥、麦类、白花三叶草等作物；美人蕉、紫薇、芍药、玫瑰、月季、蔷薇、白蜡等园艺植物；黄柏、银杏等林木。主要危害石榴新梢、叶片、枝干和幼果。以成螺和幼螺取食石榴嫩叶、嫩茎、枝干及果实皮层，嫩梢被害后呈青色枯死，嫩叶被咬食成缺刻和网状孔洞，叶片枯黄，边缘组织呈坏死状。同型巴蜗牛分泌黏液，污染果面，严重影响果实外观品质。成贝有群集性，行动迟缓，凡爬行过的地方均可见黏液痕迹。成贝可异体受精，也可自体受精，任何一个个体均能产卵，一生产卵3～5次，每次产卵30～60粒。因此，一旦环境适宜，扩繁速度极快。

同型巴蜗牛危害叶片

同型巴蜗牛危害枝干

形态特征

（1）**成贝**。体形与颜色多变，扁球形，黄褐色至红褐色，具细致而稠密生长线，贝壳高约12mm，宽约15mm，有5～6个螺层，底部螺层较宽大，螺旋部低矮。贝壳壳质厚而坚实，螺顶较钝，螺层周缘及缝合线上常有1条褐色线，个别没有。壳口马蹄状，口缘锋利，脐孔圆形，头上有2对触角，上方1对长，下方1对短小，眼着生其顶端。头部前下方着生口器，体灰色，约35mm，腹部有扁平的足。

（2）**幼贝**。形态与成虫相似，但体型较小，外壳较薄，淡灰色，半透明，内部贝体乳白色，从壳外隐约可见。

（3）**卵**。球形，0.8～1.4mm，初产乳白色，渐变淡黄色，后为土黄色，卵壳石灰质。

发生规律

同型巴蜗牛1年1代，以成贝在草丛、枯枝落叶、乱石堆、冬作物土中、土壤孔

同型巴蜗牛

洞、树皮下越冬。越冬成贝于每年3月上旬开始取食活动，4月开始交配产卵，5月成贝开始大量上树为害，4~10月均可见到卵，以4~6月和9~10月为交配产卵盛期并大量取食。全年有5~7月和9~12月2个为害高峰，以9~12月为害损失大，全年为害200天左右。成贝、幼贝喜潮湿环境，郁闭石榴园或出现枯干、腐烂的石榴树上发生较重。干旱条件下，昼伏夜出，19：00后上树为害，21：00~24：00活动最盛。盛夏干旱或其他严重不良气候条件下，则隐蔽躲藏，通常分泌黏液形成蜡状膜将口封住，暂时不吃不动，气候适宜后又恢复活动，适应性强。

防控措施

农业防控

（1）**清园、中耕、排放积水**。及时清理石榴园内枯枝、落叶、杂草、乱石堆等，可有效减少虫源基数。

（2）**诱杀成贝和幼贝**。堆置新鲜青草、菜叶、树叶等，每3~5m堆1堆，或在树干捆扎草把，集中灭杀，效果良好。也可采用2.5%四聚乙醛制剂与碎豆饼或玉米粉或大米粉配制毒饵，于傍晚施于石榴园诱杀。

（3）**驱避成贝**。用石灰粉、草木灰、磷肥、细茶籽饼20~30kg/hm^{2}全园撒施，驱杀成贝，连续防治2次，防效达95%以上。

（4）**中耕晒卵**。5、6月石榴园中耕晒卵，可爆裂杀灭卵粒或幼贝。

物理防控

人工捕杀。可于清晨或阴雨天石榴园内人工捕捉，集中杀灭。

化学防控

（1）**土壤处理**。4月上中旬和5月中下旬进行药剂防治，效果较好。可采用6%四聚乙醛颗粒剂465~665g/亩，或10%多聚乙醛颗粒剂按照1（颗粒剂）：10~15（细沙）于同型巴蜗牛盛发期的晴天傍晚全园撒施，效果较好。

（2）**地面喷雾**。8：00前及17：00后用5%~10%硫酸铜液，或1%~5%食盐液，或1%茶籽饼浸出液，或700倍氨水，或100倍碳酸氢铵喷施石榴树盘、树体，阻碍同型巴蜗牛为害。不能喷及树冠，以免产生药害。

（3）**树冠喷药**。同型巴蜗牛发生期，采用80%四聚乙醛可湿性粉剂1500~2500倍，或90%晶体敌百虫1000~1500倍，或50%辛硫磷乳油1000~1500倍液毒杀成、幼贝，效果良好。

生物防控

（1）**饲养家禽**。鸡、鸭等家禽喜食幼贝、成贝，每只成年鸡、鸭每天可啄食蜗牛 200头左右，防治效果较好。

（2）**利用天敌**。蟾蜍、青蛙、步行虫、蚂蚁等天敌对同型巴蜗牛有一定的防控效果。

灰巴蜗牛

学名： *Bradybaena ravida* Benson
科属： 软体动物门腹足纲柄眼目巴蜗牛科
别名： 水牛儿、狗螺丝、软螺丝、天牛、蜒蚰螺、蜗牛等

危害特点

灰巴蜗牛有特殊的舐刮式口器，食性杂，是果树、农作物上的重要害虫，发生量大，危害范围广且严重。可危害石榴、枣、海棠、猕猴桃、柑橘、蜜橘、脐橙、甜橙、椪柑、青柑、柚、杨梅等果树；甜瓜、香瓜等瓜类；叶类蔬菜、白菜、萝卜、甘蓝、花椰菜、瓜类、蚕豆、佛手、青花菜、紫甘蓝、紫菜薹、樱桃萝卜、马铃薯、荷兰豆等蔬菜；黄麻、红麻、苎麻、棉花、豆类、玉米、大麦、小麦、甘薯、油菜、茶叶、绿肥等作物；月季、蜡梅、杜鹃、紫薇、芍药、玫瑰、蔷薇、兰花、铁皮石斛、美人蕉、白蜡、金叶女贞、小叶女贞、白三叶草、红三叶草、红花酢浆草、麦冬、一串红、鸡冠花、万寿菊等园艺植物；黄柏、银杏等林木。灰巴蜗牛为害特征基本与同型巴蜗牛相同。主要危害石榴新梢、嫩叶和幼果，造成石榴嫩叶缺刻，新梢和幼果畸形，失去光泽。灰巴蜗牛分泌黑色黏液，污染果面，严重影响果实外观品质。成贝有群集性，行动迟缓，凡爬行过的地方均可见黏液痕迹。灰巴蜗牛为雌雄同体、异体受精的软体动物，任何一个成贝交配后均能产受精卵。

形态特征

（1）**成贝**。爬行时体长30～36mm，背壳呈圆球形，有5～6个螺层，壳口椭圆形。背壳前的体躯背部有4条显著的黄褐色纵带，近背中线的2条纵带较宽，两侧的2条纵带较窄，且不达头部。前触角短，1.5～2.0mm，后触角长，8.0～10mm，顶端有黑色眼。背壳面多数有不规则、排列较密的灰褐色斑纹，少数个体斑纹较少，生殖孔位于头左后下侧。

（2）**幼贝**。初孵幼贝体长仅2mm，淡褐色，1个月后壳左旋增加，2个月后壳右旋延长为2个小螺旋，4个月后壳右旋增加到3个小螺旋，爬行时体长4.0～4.5mm。8个月后变成成贝，壳增加到5旋至6旋。

（3）**卵**。圆球形，直径1.0～1.5mm，乳白色，有光泽，但不透明，孵化前色稍变深。

发生规律

灰巴蜗牛1年1代，寿命可达2年。成贝或幼贝均能越冬，越冬场所多在石榴树基部或

灰巴蜗牛

落叶下及浅土层中，越冬时壳上封有一层白色膜层。翌年春季3月中旬开始取食，先取食杂草等植物的嫩叶，5月上旬转移取食石榴的嫩叶、嫩梢、幼果，6月危害严重。灰巴蜗牛性喜阴湿，白天潜伏在草丛或土缝里，傍晚或清晨取食，7～8月温度高、干旱，灰巴蜗牛常隐藏在树基部或土下，分泌出白色膜层封闭壳口，暂不活动，待温度下降后或阴雨天恢复活动，9月份起灰巴蜗牛又大量活动危害，11月中旬转入越冬。成贝每年交配2次，交配后数天即可产卵，第1次产卵盛期在4～5月，第2次产卵盛期在9～10月。春季孵化的幼贝到秋季可为成贝，秋季孵化的幼贝，翌年春末就能交配产卵。

防控措施

农业防控

（1）**清园、中耕、排放积水**。及时清理石榴园内枯枝、落叶、杂草、乱石堆等，可有效减少虫源基数。

（2）**中耕晒卵**。5、6月石榴园中耕晒卵，由于灰巴蜗牛卵壳质坚硬，暴露在阳光下，很快会爆裂。

物理防控

（1）**人工捕杀**。可于清晨或阴雨天在石榴园内进行人工捕捉，集中杀灭。

（2）**诱杀成贝和幼贝**。堆置新鲜青草、菜叶、树叶等，每3～5m堆1堆，或在树干捆扎草把，集中灭杀，效果良好。也可采用2.5%四聚乙醛制剂与碎豆饼或玉米粉或大米粉配制毒饵，于傍晚施于石榴园诱杀。

（3）**驱避成贝**。用石灰粉、草木灰、磷肥、细茶籽饼20～30kg/hm^{2}全园撒施，驱杀成贝，连续防治2次，防效达95%以上。

化学防控

（1）**土壤处理**。4月上中旬和5月中下旬进行药剂防治，效果较好。可采用6%四聚乙醛颗粒剂465～665g/亩，或10%多聚乙醛颗粒剂按照1（颗粒剂）：10～15（细沙）于灰巴蜗牛盛发期的晴天傍晚全园撒施，效果较好。

（2）**地面喷雾**。8：00前及17：00后用5%～10%硫酸铜液，或1%～5%食盐液，或1%茶籽饼浸出液，或700倍氨水，或100倍碳酸氢铵喷施石榴树盘、树体，阻碍灰巴蜗牛为害。不能喷及树冠，以免产生药害。

（3）**树冠喷药**。灰巴蜗牛发生期，采用80%四聚乙醛可湿性粉剂1500～2500倍，或90%晶体敌百虫1000～1500倍，或50%辛硫磷乳油1000～1500倍液毒杀成、幼贝，效果良好。

生物防控

（1）**饲养家禽**。鸡、鸭等家禽喜食幼、成贝，防治效果较好。

（2）**利用天敌**。蟾蜍、青蛙、步行虫、蜥蜴、蚂蚁等天敌对灰巴蜗牛有一定的防控效果。

野蛞蝓

学名： *Agriolimax agrestis* linnaeus
科属： 软体动物门腹足纲柄眼目蛞蝓科
别名： 鼻涕虫、黏黏虫、野蜗牛、无壳蜒蚰螺、无蜒蚰螺、黏腥虫、旱螺、软蛭、软体蜗牛、托盘虫、泫达虫等

危害特点

野蛞蝓体表柔软，无外壳，食性极杂，不仅对作物危害严重，还可寄居人体，直接威胁人类健康。研究表明，野蛞蝓可危害石榴、樱桃、草莓等果树；叶类蔬菜、大白菜、甘蓝、萝卜、花椰菜、茄子、苋菜、菠菜、生菜、牛皮菜、番茄、辣椒、芋头、莴苣、菠菜、油菜、苦菜、黄瓜、百合等蔬菜；瓜类等瓜果；玉米、马铃薯、黄豆、蚕豆、油菜、烟草、茶叶、棉、麻、绿肥等作物；菊花、一串红、月季、仙客来等园艺植物。野蛞蝓以齿舌刺刮为害，对石榴嫩叶、嫩茎、果实形成损伤。叶片被刮食成孔洞、缺刻，同时排泄粪便、分泌黏液污染果面。野蛞蝓最怕光照，白天隐蔽夜间活动，白天强光下2～3小时即可致其死亡。

野蛞蝓危害状

野蛞蝓成体

形态特征

（1）**成体**。长20～25mm，爬行时体可伸长达30～36mm。体光滑柔软，无外壳。体色为黑褐色或灰褐色。头部与身体无明显分节，头前端着生唇须、眼须各1对，暗黑色。唇须长约1mm，起感觉作用。眼须长约4mm，其端部着生有眼点，色较深。口器位于头部腹面两唇须的凹陷处，内生有1条角质齿舌，用以嚼食叶片。体背中央隆起，前方有半圆形硬壳外套膜，约为体长的1／3。其边缘卷起，内有1个退化的贝壳，头部收缩时即藏于膜下。呼吸孔在外套膜的后半部右侧2／3处，生殖孔位于右眼须的后侧方。肌肉组织的腺体能分泌黏液，覆布体表，凡爬行过的地方均留有白色痕迹。雌雄同体。

（2）**卵**。椭圆形，直径2.0～2.5mm。白色透明可见卵核，且韧而富有弹性，近孵化时色变深。卵粒粘集成堆，每堆8～9粒，多的有20粒以上。

（3）**幼体**。形似成体，全身淡褐色，外套膜下后方的贝壳隐约可见。初孵幼体长2.0～2.5mm，宽约1mm，1周后长增至3mm，2周后长至4mm，1个月后长至8mm，3个月后长达10mm、宽2mm，5～6个月发育为成体。

发生规律

野蛞蝓以春季和秋季繁殖最盛，危害最重。当成体性成熟后即可交配，交配后2～3天即可产卵，每隔1～2天产卵1次，卵成堆产于潮湿土块下、土壤缝隙内或作物根际上，每堆有卵数粒至20余粒不等，随着体型增大产卵量逐渐增多，每个成体一生平均产卵量为400余粒。在月平均气温9.9～21.8℃，卵期由27天递减至10天，旬平均地温稳定在9℃左右是产卵的最适温度。地温超过23℃时，产卵量显著下降，地温在25℃以上时就会停止产卵。干燥的土壤不利于胚胎发育及卵的孵化。野蛞蝓幼体发育的适宜温度为10～25℃，土壤湿度为80%～90%。雨量是影响野蛞蝓发生的决定因素，在适宜的温度条件下，其发生轻重、虫口密度高低与雨量关系密切，而虫口密度又取决于雨量的分布。如3～6月间雨水多，分布均匀，密度就高，雨量少或降雨集中，虫口密度则相对偏低。凡邻近低洼积水、杂草多的黏土、黏壤土或腐殖质较多的壤土果园，发生量较大。地势高，砂质壤土果园，发生量则少。土壤板结、郁闭等有利于该虫的发生和发展。

防控措施

农业防控

（1）**排涝与清园**。向阳，排水良好，杂草、杂物、落叶等较少的石榴园，不利于野蛞蝓的孳生，可有效减少虫口基数。

（2）**撒施生石灰或草木灰**。选用新鲜生石灰粉撒树冠下或园区周边等形成封锁带，阻止野蛞蝓侵入为害。草木灰属碱性，野蛞蝓身体有黏液。地面撒上干草木灰后，该虫夜间出来爬行活动时，体外粘上草木灰后易导致死亡。

物理防控

（1）**诱集捕捉**。用树叶、菜叶、杂草等在石榴园制作诱集堆，并及时洒水形成阴湿环境可引诱野蛞蝓，清晨天亮前集中捕捉予以彻底消灭。

（2）**人工捕捉**。晴天20：00～21：00，野蛞蝓爬出来活动时进行人工捕捉，连续3～4天，可以有效控制其危害。也可在雨后、阴天和晴天的清晨进行人工捕捉。

化学防控

（1）**地面处理**。野蛞蝓发生期采用6%四聚乙醛颗粒剂465～665g/亩，或10%多聚乙醛颗粒剂按照1（颗粒剂）：10～15（细砂）于野蛞蝓发生期全园撒施，阴雨天处理效果更好。

（2）**树冠喷药**。在清晨日出前，野蛞蝓尚未潜入土中或腐烂树干内等处时，采用80%四聚乙醛可湿性粉剂1500～2500倍，或90%晶体敌百虫1000～1500倍，或50%辛硫磷乳油1000～1500倍，或硫酸铜800～1000倍液喷雾处理，效果良好。

生物防控

（1）**饲养家禽**。将鸡、鸭等家禽放入果园内取食蛞蝓，防治效果较好。

（2）**利用天敌**。蛙类是蛞蝓最主要天敌，取食食量大且无次生危害，果园引入蛙类对野蛞蝓防控较好。

（3）**利用鸟类**。部分鸟类也可取食野蛞蝓，利用鸟类可达到一定的防控目的。

绿背覆翅螽

学名： *Tegra novaehollandiae* viridinotata
科属： 直翅目拟叶螽科
别名： 绿翅覆背螽、深褐拟叶螽等

危害特点

绿背覆翅螽寄主范围尚不明确，据编者研究发现，该虫可危害石榴、梨、酸枣、板栗、山核桃等果树，而关于其对其他植物的危害情况尚无确切报道，一般认为该虫是以食叶为主的杂食性害虫，常以矮灌木的叶片为食。绿背覆翅螽成虫翅膀较大但飞翔能力差，受惊后常以爬行或跳跃方式逃逸。绿背覆翅螽主要以成虫危害幼龄石榴园。成虫产卵时首先用"马刀状"产卵器划破树皮，然后将卵产在韧皮部和木质部之间，造成石榴输导组织破坏，形成疤痕，严重时可导致石榴整株死亡。果实发育期，该虫也可危害石榴果实，造成果皮损伤，降低果实商品价值。同时，由于果皮的破坏，果实后期病害发生严重，进一步加重损失。

形态特征

（1）**成虫**。雄虫稍小，体长25.0～32.0mm，前翅长35.0～41.5mm。雌虫较大，体长43.5～45.0 mm，前翅长50.0～53.5mm。体灰褐色或棕色，雌虫色较深，并带有不规则黑斑，全身泛蓝黑色金属光泽，部分个体有若干个白色云斑。触角黑棕色，与淡棕色环相间交替排列，长10.0～15.0mm，雄成虫长于雌成虫。前胸背板前缘具2个小的瘤突，后缘钝圆，前横沟和中横沟极明显且较深。成虫发音器大部分隐藏于背板后缘以下，鸣声特殊。前翅超过腹端或产卵器端部，上具不规则的黑斑，整个翅表较为粗糙，前、后边缘近直且接近平行，翅的端部圆钝。所有足的腿节下侧具大的秃齿。雄虫肛上板较发达，长片状，端部圆钝，尾须较长，端部渐尖。雄虫下生殖板长板状，后边缘具有1小的三角形凹陷，端管短，角状。雌虫产卵器红棕色，端部深褐色，长19.0～21.0mm。雌虫下生殖板宽片状，后边缘弧形。

（2）**卵**。长8.0～13.0mm，宽1.5～2.0mm，长椭圆形，末端有1尖刺。卵产于树皮下，与木质部、韧皮部紧密相连，较难分开。卵初产时为淡黄绿色，渐变为黄绿色，孵化前变为青色。

（3）**若虫**。一般认为若虫可分为5龄。雌性1龄若虫体长8.0～10.0mm，头壳宽1.5～1.7mm，无翅和产卵器；2龄若虫体长12.0～15.0mm，头壳宽2.2～2.5mm，无翅和产卵器；3龄若虫体长17.0～21.0mm，头壳宽2.9～3.4mm，可见翅芽，前后翅芽不相接

触，产卵器长4.0～5.0mm；4龄若虫体长25.0～29.0mm，头壳宽4.0～4.5mm，前后翅伸达第2腹节，产卵器长8.0～10.0mm；5龄若虫体长35.0～40.0mm，头壳宽5.0～5.5mm，前后翅伸达第4腹节，产卵器长17.0～19.0mm。老熟雄性若虫较雌性略小，1、2龄若虫无明显区别，3～5龄雌性若虫腹末端可见产卵器。

发生规律

相关研究表明，绿背覆翅螽主要危害板栗、山核桃等，在江西九江石榴园调查中发现该虫可危害石榴树皮、果实等。绿背覆翅螽在安徽宁国的山核桃、浙江云和的板栗上的发生规律如下：在安徽宁国1年发生1代，以卵在山核桃主干越冬，卵期长240～250天。4月下旬至5月上旬羽化。5月上旬卵开始孵化，5月中旬进入卵孵化盛期。7月上中旬成虫羽化，多在清晨。7月下旬成虫交配后产卵。在浙江云和1年发生1代，以卵在板栗枝干上越冬。4月上旬若虫孵化，6月下旬成虫羽化，7月中下旬产卵，不久成虫死亡。

防控措施

农业防控

（1）**清园处理**。及时清除果园周围的杂木、灌木。研究发现清除大戟科植物算盘子是防治绿背覆翅螽危害的有效办法。

（2）**注意事项**。涂白剂、石硫合剂冬季防治对该虫基本无效。由于该虫卵位于韧皮部与木质部之间，位置较深，无内吸性的药剂效果极差，需要注意。

物理防控

（1）**人工除卵**。绿背覆翅螽产卵部位一般在主干1m以下，有产卵刻痕且产卵部位有较明显的凸起，易于辨认和人工操作。秋冬农闲季节，用小刀刮卵或横切产卵痕可有效降低害虫基数。

（2）**捕杀成虫**。由于成虫飞翔能力较差，且活动位置多在石榴树中下部，可在成虫发生期结合剪枝、施肥等农事操作利用果枝剪捕杀成虫。人工方法不污染环境、不杀伤天敌，但劳力成本较高。

化学防控

在若虫或成虫发生期，采用90%晶体敌百虫2500～3000倍，或20%杀灭菊酯乳油1500～2500倍，或21%甲维·毒死蜱微乳剂700～1000倍喷雾处理，效果良好。也可采用毒死蜱、高效氯氰菊酯、溴氰菊酯等对若虫或成虫有较好效果的药剂。

生物防控

采用100亿孢子/g金龟子绿僵菌油悬浮剂2000～4000倍进行喷雾处理开展绿色防控，效果较好。也可采用1.5%苦参碱可溶液剂1500～2000倍，或0.5%印楝素乳油400～6000倍处理，效果较好。

大灰象甲

学名： *Sympiezomias velatus* Chevrolat
科属： 鞘翅目象甲科
别名： 大灰象鼻虫、大灰象、大灰象虫、象鼻虫、日本灰象、柑橘灰象，俗名尖嘴猴、灰老道、土拉驴等

危害特点

大灰象甲食性极杂，可危害石榴、苹果、梨、桃、李、枣、樱桃、核桃、猕猴桃、板栗、柑橘、甜橙、脐橙等果树；棉花、桑、烟草、玉米、花生、甜菜、马铃薯、辣椒、瓜类、豆类、糖料、北沙参、黄芪、白芷、太子参、桔梗、薏苡等作物；茶树、杨树、柳树、槐树、泡桐等林木。大灰象甲幼虫能危害石榴根部，造成石榴生长受阻。成虫取食石榴嫩尖、嫩梢、叶片等部位，受害嫩尖、嫩梢枯死，叶片轻者出现小孔洞和缺刻，重者光枝秃杆，严重影响石榴树体发育。宫庆涛在山东泰安地区调查发现，6～7月石榴嫩尖、嫩梢危害一般较重，尤其是石榴树根部发芽较多时，大灰象甲成虫数量较多。8月后叶片缺刻严重。嫩尖、嫩梢及叶片受害具有明显的聚集分布特征，受害率10%～40%，高者可达100%。

形态特征

（1）**成虫**。长7.3～12.0mm，全体灰黄色、灰黑色，体表密被灰白色鳞毛。前胸卵圆形，背板中央黑褐色。头部宽粗，中央和两侧形成3条纵沟，中央1黑色沟。触角索节7节，复眼大而凸出。鞘翅近卵圆形，具褐色斑纹及10条刻点列，后翅退化。雄虫鞘翅末端不缢缩，钝圆锥形；雌虫鞘翅末端缢缩，且较尖锐。

（2）**卵**。长约1.1mm，长椭圆形。初期为乳白色，两端近透明，近孵化时为乳黄色。常数十粒形成块状卵块。

（3）**幼虫**。老熟幼虫体长13～17mm，肥胖，弯曲呈“C”字形，乳白色，无足，各节背面有许多横皱。头部黄褐色，上颚褐色。肛门孔分裂，呈暗褐色。

（4）**蛹**。长9～11mm，长椭圆形，初为乳白色，后呈乳黄色。头顶及腹背具有刺毛，尾部弯向于腹面，末端两侧各有一长约10mm的刺。

发生规律

大灰象甲1年发生1代，以成虫在土中40～50cm处越冬。翌年越冬成虫于4月中下

旬活动。5月中下旬至6月上旬为出土盛期，开始危害石榴嫩芽或嫩叶等。7月开始交配产卵，雌虫开始产卵，产卵时雌虫将叶片折合，然后将产卵器插在折合的叶片内进行产卵，并分泌黏液将叶片黏合在一起。雌虫也可将卵产于杂草或石榴根部新芽、新梢周围。雌虫产卵期较长，产卵期可延至8月。平均卵量约200粒，卵期10天左右。初孵幼虫寻找合适环境入土为害，常取食石榴树下有机质或植物及杂草须根等补充营养，完成发育。9月中下旬幼虫向下移动，在40～50cm土深处制作土室越冬。大灰象甲成虫后翅退化，动作迟缓，靠爬行取食，具有群居性和假死性，常数十头群集在嫩尖、嫩梢及叶片

大灰象甲

处为害，受惊后假死，落地。大灰象甲成虫喜温、阴、湿环境，温度达到10℃时开始活动，20℃左右时活动最旺盛，常在清晨或傍晚为害，雨水较多的年份、石榴园郁闭或湿度较大时发生严重。当气温较高或低时，大灰象甲成虫的活动量显著减少。

防控措施

农业防控

（1）**清园处理**。及时清除果园周围的杂木、灌木，切断大灰象甲食物链，减轻危害。

（2）**深翻浇灌**。春、秋季对石榴园进行深翻浇灌处理，可破坏大灰象甲成虫、幼虫和蛹适生环境，减少越冬成虫基数，降低危害。

（3）**振树灭杀**。利用大灰象甲成虫假死习性，白天铺上塑料布并敲击振落成虫，集中灭杀。害虫为害期9：00前或16：00后处理，效果更好。

物理防控

（1）**人工灭杀**。大灰象甲成虫具有在基部群集取食的习性，一般在生长势较强的新梢、叶片数量较多，且行动迟缓，可人工收集，集中处理，可有效降低害虫基数，降低危害。

（2）**胶环捕杀**。用蓖麻油、松香、黄蜡为材料制取胶环。将2kg蓖麻油加热到130℃左右后，将磨碎的3kg松香徐徐加入，边加边搅至完全溶化，最后加入50g黄蜡搅拌冷却即成。4月上旬将胶直接涂在石榴树干上，防止大灰象甲成虫上树为害，每日定期将黏胶上的成虫消灭处理。

化学防控

（1）**地面处理**。大灰象甲成虫出土为害期，地面喷施40%毒死蜱乳油500～1500倍，或40%辛硫磷乳油500～1000倍，或20%甲氰菊酯500～1500倍，施药后可耙匀土表，毒杀出土成虫效果较好。

（2）**树冠喷药**。大灰象甲成虫上树危害严重时，采用90%晶体敌百虫2500～3000倍，或20%杀灭菊酯乳油1500～2500倍，或40%啶虫·毒死蜱1500～200倍液，或21%甲维·毒死蜱微乳剂700～1000倍喷雾处理，效果良好。也可采用辛硫磷、高效氯氰菊酯、溴氰菊酯、氰戊菊酯、氯虫苯甲酰胺等对成虫有较好效果的药剂。

（3）**诱杀防控**。每亩果园用新鲜菜叶10kg切碎混入90%晶体敌百虫150g加水拌成毒饵，于傍晚在树冠下地面撒施，诱杀成虫，效果较好。

生物防控

（1）**饲养家禽**。在大灰象甲发生严重的石榴园，进行家禽饲养，实现“以鸡治虫”，不仅有利于捕杀害虫，还能进行果园养殖，增加收入。

（2）**生物防治**。利用昆虫病原线虫通过撒施、泼浇、喷雾等方法处理，可起到一定的防治效果。

第二章

石榴主要侵染性病害

SHILIU ZHUYAO QINRANXING BINGHAI

石榴自公元前138—公元前125年引进我国，栽培历史悠久，随着人们生活水平的提高和对医药保健功能认识的深入，石榴产业得到了迅猛发展。尤其近年来随着石榴种质资源的大量引进、评价和优良品种的选育，石榴产业获得了巨大的发展空间，已成为榴农家庭经济的重要来源。但近几年来随着种植规模的不断扩大，尤其一些新品种的引进，石榴病害发生种类增多，危害日趋严重，特别是石榴干腐病、疮痂病、褐斑病、麻皮病、太阳果病、根结线虫病、枯萎病等侵染性病害的大面积发生给石榴产业带来了巨大损失，有的病害已成为石榴产业发展的瓶颈，亟需加大研究解决。

石榴干腐病

石榴干腐病是石榴最主要病害之一，给石榴生产造成严重的威胁。近年来，石榴干腐病日趋严重，管理较好的果园干腐病病果率为10%～15%，管理粗放的果园病果率达到50%以上，严重影响石榴的产量和质量，造成极大的经济损失。山东、陕西、安徽、江苏、河南、四川等地均有发生。

症 状

该病主要危害果实，也侵染花器、新梢、枝干，蕾期即可发病。

（1）***果实发病***。病斑常发生在萼筒处，果实与果实、果实与枝条、果实与叶片接触处发病也较重。高温、高湿天气，特别是在秋季连阴雨天，果实发病严重。发病1周后，从发病部位逐渐向外产生密集小黑点，发病严重的僵果果实内的籽粒、隔膜等部位均可见黑色颗粒。幼果受害后早期脱落，果实膨大。初期感病的果实干缩成僵果

危害果实症状

①危害果实初期症状
②危害果实症状
③危害果实后期症状

①

②

①危害枝干症状
②危害叶片症状

挂在枝梢，近熟期感病的果实脱落。果实腐烂后有的脱落，有的失水干缩成为僵果，挂在枝头。僵果内外密生黑色分生孢子器，成为翌年重要侵染源之一。

（2）**枝干发病**。初期皮层呈浅黄褐色，与正常皮层颜色稍有差异，以后变为深褐色。后被害部皮层失水干裂，变得粗糙不平，与健壮枝干区别明显。发病部位迅速形成不规则扩展，不久即深达木质部，病皮开裂，严重的全树或全枝逐渐干枯死亡。后期病部皮层失水干缩，下陷，呈小块状翘起，易剥离，露出浅黄色表皮，木质部变为黑褐色，病部产生黑色小斑点，即病菌分生孢子器。

（3）**新梢受害**。嫩梢顶端干枯变黑，生长受到影响。病部皮层腐烂变褐后为黑色，并产生分生孢子。由于石榴花由短枝顶芽发育而成，因此，顶芽感病影响石榴花芽的形成，特别是“头茬花”的形成，从而影响石榴的产量和质量。

（4）**花器受害**。一般在萼筒下部产生米粒大小不规则的浅褐色病斑，逐渐向外扩展后形成深褐色、边缘浅褐色、界限明显的病斑。

（5）**叶部发病**。初为黄褐色坏死斑，病斑扩展迅速，可迅速扩展至整叶坏死，病健交界明显，后期病斑上密生黑褐色小点，即病原菌的分生孢子器。

病 原

石榴干腐病病原菌为*Zythia versoniana* Sacc，属半知菌亚门球壳孢目类肉座菌科，鲜壳孢属石榴鲜壳孢菌。异名*Coniella granati*（Sacc.）Petr. & Syd，称石榴垫壳孢。分生孢子器埋生于花萼、果实或枝表皮细胞下，散生或密聚，梨形、球形或扁球形，橄榄褐色，表面光滑，大小为55～75μm× 125～145μm。由于病部表皮干缩，分生孢子器只有在果皮或花萼、枝表皮腐烂过程中才突破表皮露出。用小刀切下一层病组织，置于室内保湿滤纸上培养，3～4天后便密生出大量半裸露的分生孢子器。分生孢子细长纺锤形，两端尖细，单胞，无色（群集时浅绿色），大小为3.8～6.3μm× 7.5～14μm。室内培养最适培养温度为24.5～28℃。病原菌在pH 3～10的PDA培养基上均可以生长，其中pH为7时生长最快，在中性及偏酸的情况下病菌生长均较快。分生孢子萌发的最适温度为27.5℃，相对湿度为85%～100%，在≤10℃或>35℃时不萌发，适宜的pH 为3～6，相对湿度低于45%时孢子不萌发。低温贮藏期石榴干腐病可以继续发生危害，造成烂果。

有性世代为肉座菌目肉座菌科小赤壳属石榴干腐小赤壳菌*Netriella versoniana* Sacc et Penz.。子囊壳表生，密集，赤褐色，梨形，大小为166～277μm，子囊孢子单胞，无色，梭形，大小为11～14μm× 4～6μm，每个子囊有子囊孢子8个。一般有性世代发生少。

发病规律

石榴干腐病菌以菌丝体或分生孢子器在病树枝、僵果和果台上越冬。果园内的病枝残干和病落果也是重要侵染源。一般4～10月均能发病。翌年4月上中旬，当温湿条件适宜时产生大量分生孢子。病菌随风雨、气流、昆虫和人为活动传播、侵染，造成该病蔓延和流行。干腐病菌多从伤口、自然孔口和茎刺先端等处侵入，在适宜的条件下，可多次形成分生孢子重复侵染。有伤口时，发病率高而且快。不同时期套袋试验结果表明，石榴干腐病菌侵染时期早，具有潜伏侵染的特性。7月下旬至9月上旬成熟前为发病高峰期。

前期早春至5月中下旬，即石榴萌芽前至开花前期，气温和空气湿度较低，蚜虫、蟀象等刺吸式害虫种群数量较大，取食危害造成新梢枝条伤口，为病原菌侵入创造了条件，但因温度偏低，湿度不足，缺少病原菌迅速繁殖条件，并不立即表现病症，处于繁殖前的潜伏阶段。中期6～8月份，此期降水较多，空气湿度增大，潜伏生长的病菌生长和繁殖速度加快。新梢和花蕾表现出症状，相当一部分幼蕾不能开花而早落。已坐果的幼果或已膨大的果实，当遇连续降雨，萼筒口向上或半向上的果实，萼筒内形成积水、半积水，萼筒内壁伤口、干花丝和果与果、果与叶片相接触处伤口，经雨水浸泡溢出微酸性汁液，为病菌迅速生长繁殖提供了良好的条件，在高温高湿下5～6天果实即可表现出症状。刺吸式害虫危害幼嫩新梢、花器、幼果所形成的伤口是病原菌形成侵染的重要途径，在6月上中旬相当一部分幼果已受到病原菌侵染，但尚未发病，此时套袋仍会有15%～20%的果实在快速膨大期发病。不同时期套袋试验结果表明，石榴干腐病菌侵染时期早，具有潜伏侵染的特性，且可以再侵染。在发病后期，接近成熟果实的20%～30%发病腐烂，严重的病果率达40%～50%，个别果园或单株绝收，是全年损失最惨重的时期。后期9～10月中旬，气温平缓下降趋于冷凉，相对湿度略降，果实膨大速度减缓，或果实已经采收，石榴营养生长速度加快，增强了树体抵抗力，利于伤口愈合，抵御后期病菌侵染，病原菌生长繁殖速率下降。同时，随着果实单果重增加，果实下垂，萼筒口向下，萼筒内难以积水，病菌生长失去良好条件。因此，后期病菌浸染减少，繁殖和生长速度降低，枝干和果实发病明显减少。

影响发病的因素：

（1）**管理措施**。偏施氮肥，少施磷钾肥，往往导致树势衰弱或徒长，削弱树体抗性，促使病害发生。修剪过重或枝条过于稠密，通风透光不好，降低树体抗病性，也易感病。对主干及大枝进行环割、环剥会造成大量伤口，若措施不当这些伤口极易受到干腐病病菌侵染，导致枝干发病，削弱树势，进一步诱发该病的大量发生。

（2）**结果量**。树体的挂果量是发病的一个重要因素。凡挂果量大的树，不仅当年干腐病严重，翌春干腐病也严重，反之则轻。主要是挂果量大，树体消耗大，长势弱，抗病力减弱，干腐病菌便乘虚而入。

（3）**气象条件**。冻害是诱发干腐病发生流行的重要因子。因冷空气比重大，多集于地表，同时，低洼地以及地表附近温度日变幅大，所以石榴树接近地表根颈部（0～20cm）受害最重。主干受冻后，韧皮部发生褐变，易感染干腐病，并致整株死亡，或春季发芽晚，生长缓慢。高温高湿有利于病原菌的繁殖和侵染，是引起石榴干腐病爆发的重要因子，夏季如遇连阴天，雨过天晴后，干腐病就会出现发病高峰。

（4）**品种与土壤**。干腐病的感染发病与品种有关。青皮类为高抗品种，发病率低于1.3%，其次为红皮类，发病率在4.1%～10.2%，白皮类最不抗病。砂壤土透气性好，雨后能及时渗透，空气湿度小，发病轻；黏土地透气性差，雨后或浇后园内湿度大，发病重。

防控措施

农业防控

夏季要随时摘除病落果；果实采收后及时捡拾腐烂果，采摘僵果，并集中焚毁处理。冬剪时剪除病虫枝、干枯枝，清除园内落叶，集中烧毁或深埋。合理修剪，重视夏剪与冬剪相结合，尽量避免造成大的伤口。修剪中疏除过密枝、重叠枝、病虫枝、徒长枝，使冠内通风透光良好。环割、环剥时，应及时用杀菌剂涂抹伤口，注意环剥宽度，环剥后用塑料薄膜将剥口绑严，防止长时间不能愈合。注意保护树体，防止受冻或受伤。加强肥水管理做好秋施基肥工作。疏花疏果，合理负载。适时套袋，果实套袋既可防病，也可防止虫害鸟害，且果面细嫩，色泽好，外观品质显著改善。一般在6月下旬套完袋。套袋前，细致喷1遍杀菌剂加杀虫剂，当天喷药，当天套袋。选用抗性品种青皮类品种为高抗品种，其次为红皮类品种，白皮品种抗性较差。果皮厚的品种抗病性强，也不易裂果。

生物防控

鲁海菊等（2013）从果园土壤真菌中筛选出对石榴干腐病病菌有拮抗活性的菌株，其中筛选的青霉属（*Penicillium*）PG–135菌株对石榴干腐病菌的抑制率为85%，有待于继续研究开发利用。

化学防控

发芽前全株喷洒5波美度石硫合剂。花前喷70%甲基硫菌灵800～1000倍液。麦收前喷70%代森锰锌可湿性粉剂600～800倍液。套袋前（6月下旬）喷25%戊唑醇水乳剂1500～2000倍液，或25%吡唑醚菌酯乳油3000～4000倍。进入雨季后，喷1∶1∶200倍波尔多液，其他有效药剂有50%多菌灵可湿性粉剂700～1000倍液，70%甲基硫菌灵可湿性粉剂800～1000倍液，40%氟硅唑乳油6000～10000倍液等。每10～15天应喷1次药，交替使用。对于枝干腐病，要及时发现病斑并及时刮治，刮除病斑后涂抹3%甲基硫菌灵膏剂。树干病害发生严重时，可在生长季节进行重刮皮。刮皮后病部要用药剂消毒保护。

石榴蒂腐病

石榴蒂腐病是引起石榴蒂部腐烂的果实病害，各石榴产区均有发病，发病果实经济性能下降。

症 状

石榴蒂腐病主要危害果实，引起蒂部腐烂，病部变褐呈水渍状腐烂，后期病部生出黑色小粒点，即病原菌分生孢子器。

病 原

Phomopsis punicae C. W. Guo et P. K. Chi为石榴拟茎点霉，属真菌界无性型真菌。25℃PDA培养基上培养14天，长出扁球形、黑褐色、单腔或双腔分生孢子器，直径102～138μm，分生孢子梗细长分枝，产孢细胞长瓶梗型，分生孢子两型，甲型长卵

蒂腐病初期症状

蒂腐病后期症状

形，大小为5～8μm×2～3μm，无色，未见油球；乙型线状，直或弯，无色，大小为28～49μm×0.8～1.5μm。

发病规律

病菌以菌丝或分生孢子器在病部或随病残体叶遗留在地面或土壤中越冬，翌年条件适宜时，在分生孢子器中产生大量分生孢子，从分生孢子器孔口逸出，借风雨传播，进行初侵染和多次再侵染。一般进入雨季，空气湿度大易发病。

防控措施

农业防控

加强石榴园管理，施用酵素菌沤制的堆肥或腐熟有机肥，及时灌水保持石榴树生长健壮。雨后及时排水，防止湿气滞留，可减少发病。生长季节及时摘除发病果深埋并用生石灰消毒。

化学防控

发病初期喷洒10%苯醚甲环唑水分散粒剂3000倍液、70%甲基硫菌灵可湿性粉剂800倍液、25%戊唑醇水乳剂1500倍液、75%百菌清可湿性粉剂600倍液等药剂，间隔10天左右1次，防治2～3次。

石榴炭疽病

炭疽病是石榴的重要病害之一，主要产区均有发生。该病害从苗期到大树均可发生，可造成石榴树死苗、烂果、落叶，对石榴产量和品质影响较大。果实收获后，在贮运期间，仍可继续危害果实。

症 状

该病主要危害石榴的叶片、果实、枝条。

（1）**叶片**。从叶片和叶缘开始发病，病斑呈圆形或半圆形、褐色。病斑逐步扩大，中间颜色变淡，可见其上生出许多小黑点。叶片容易脱落。一般叶上发病较少。

（2）**果实**。果实于小果期或青果期感染病菌后，不易表现症状。到即将成熟时，才逐渐表现症状。病斑多为近圆形暗褐色，有的边缘有红色晕圈。症状初期，多在果实顶部出现红褐色斑点，后斑点逐步扩大，中后期病斑扩展为圆形、不规则形的黑褐色斑块，其上生有小黑点（分生孢子盘）和橙红色的黏孢团。最后整个果实变为黑褐色并腐烂。

（3）**枝条**。多在幼枝上发病，枝梢断续变褐坏死，严重时造成整个枝条枯死。

病 原

Glomerella cingulata（Stoneman）Spauld. Et. H. Schrenk，称为小丛壳，属真菌界子囊菌门。无性世代为*Colletotrichun gloeosporioides*（Penz.）Sacc. 称盘长孢状炭疽菌，为半知菌。子囊壳黑色，埋生在寄主组织内，子囊棍棒形，内含8个子囊孢子。子囊孢子单胞无色，椭圆形。无性型为炭疽菌属，在PDA培养基上菌落多变。分生孢子

①炭疽病危害叶片状
②炭疽病危害果实状

①

②

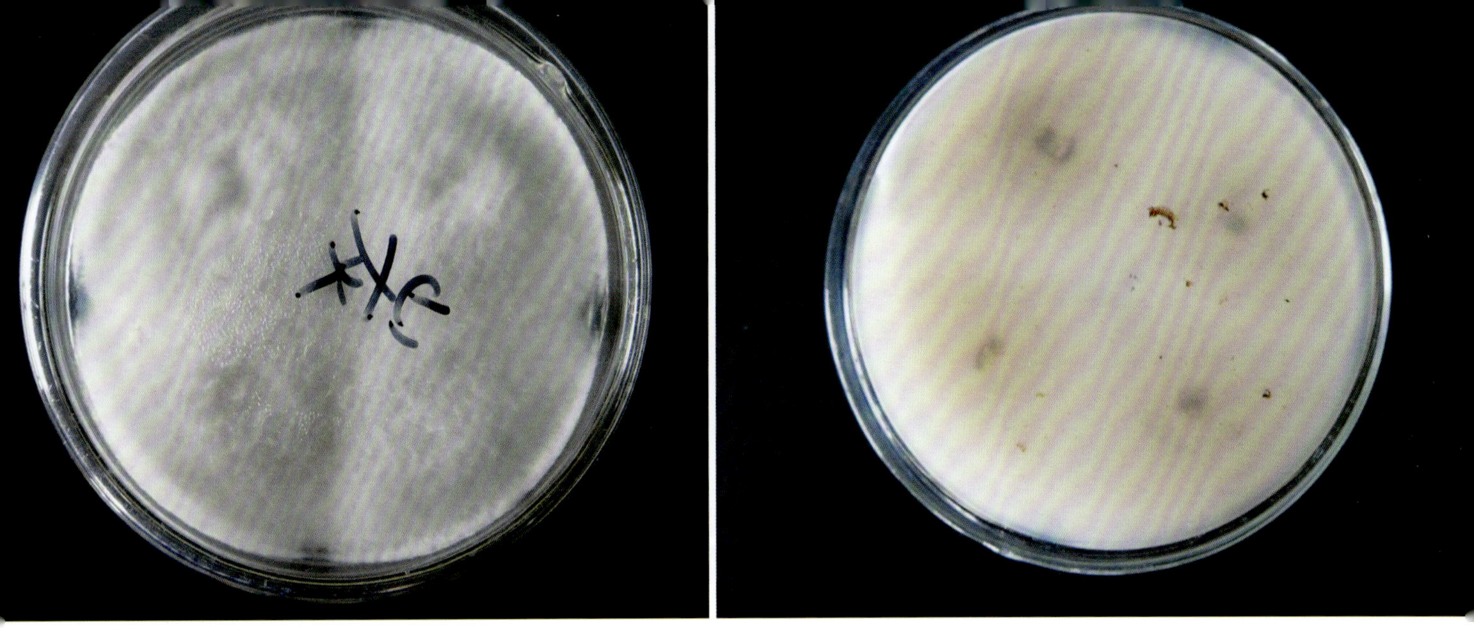

石榴炭疽病病原菌菌落图

直，顶端钝，大小为9～24μm×3～4.5μm；附着孢大量产生，中等褐色，棍棒状至不规则形，大小为6～20μm×4～12μm。

李秀丰等（2014）采用形态学结合多基因系统学的方法鉴定石榴炭疽病菌为喀斯特刺盘孢 *Colletotrichun karstii*。

发病规律

病菌在病树上或病残体上越冬，翌年产生分生孢子或子囊孢子，借风雨传播进行初侵染和再侵染，该菌有潜伏侵染特性。病菌多从寄主的伤口入侵，也有从寄主叶片气孔入侵，条件成熟时，即表现症状。如果果园管理不善，偏施氮肥，或者地势低洼，容易积水，田间湿度大、温度高更有利于本病发生。

防控措施

农业防控

加强田间管理，施肥要注意肥水均衡，增施有机质肥料，切忌偏施氮肥。使石榴植株生长健壮，增强抗病能力。做好田间清洁。适时修剪，使果园内通风透光。雨季注意果园排水，保持果园适当的温湿度，调整田间小气候。修剪后的枯枝落叶、病残体应及时清理，集中烧毁，减少田间病菌侵染源。

化学防控

果树生长期喷药保护新梢、幼果，减少成熟期的病害发生。药剂保护适期为新梢抽发期、谢花坐果期以及冬季清园期。采取果实套袋的果园，应在套袋之前施药1～2次，喷完药待药液干后即可套袋。对炭疽病有效的药剂有：70%甲基硫菌灵可湿性粉剂800～1000倍，80%代森锰锌可湿性粉剂600～800倍，45%咪鲜胺水剂1200～1500倍，25%戊唑醇水剂1500～2000倍，25%吡唑醚菌酯乳油3000～4000倍，10%苯醚甲环唑可分散粒剂2000～3000倍，250g/L嘧菌酯悬浮剂1500～2000倍。

石榴疮痂病

石榴疮痂病是石榴上发生普遍且较为严重的一种病害，主要石榴产区均有发生。该病既危害枝干，又危害果实，使石榴树势变弱，果实产量、品质严重下降，严重制约了石榴产业的发展。

症 状

该病主要危害果实、花萼和枝干。

（1）**果实和花萼受害**。病斑初呈水渍状，随发病程度加重渐变为红褐色、紫褐色直至黑褐色，单个病斑圆形至椭圆形，直径2～5mm，后期多斑融合成不规则疮痂状，病斑直径可达10～30mm或更大，表皮粗糙，严重时会发生龟裂。湿度大时，病斑内产生淡红色粉状物，即病原菌的分生孢子盘和分生孢子，严重影响果品的商品品质。

（2）**枝干受害**。2 年以上生石榴枝干上比较多见，1 年生枝干上发病较低。病斑主要发生在皮孔处，初为圆形或椭圆形突起，后病斑逐渐扩大，形成圆形、椭圆形或不规则形且大小不一，严重时多个病斑连在一起，并使表皮发生龟裂、粗糙坚硬，甚至露出韧皮部或木质部，致使树势衰弱。

石榴疮痂病幼果危害状

①石榴疮痂病果实危害状
②石榴疮痂病枝条危害状
③石榴疮痂病树干危害状

病　原

病原菌为石榴痂圆孢菌*Sphaceloma punicae* Bitanc. et Jenk.，属半知菌类真菌，分生孢子盘暗色，近圆形，略凸起，大小为54～120μm。分生孢子盘上排列紧密的分生孢子梗，无色透明，瓶梗型，大小为8.4～25μm×2.3～2.8μm。分生孢子顶生，卵形至椭圆形，单胞无色，透明，两端各生1个透明油点，大小为2.8～7.8μm×2.3～5μm。病组织在PDA培养基上培养7天，先在病组织上产生黄色小菌落，后扩至培养基上，圆形，中央凸起。培养基上形成的菌落，10天后可产生分生孢子。

刘会香等（2015）将引起此病的病原鉴定为*Dothiorella* sp.，待进一步研究澄清争议。

发病规律

病菌以菌丝体在病组织中越冬，病斑逐年扩展。病菌主要从石榴的皮孔侵入，也可从伤口侵染。春季气温高于15℃，多雨湿度大，病部产生分生孢子，借风雨或昆虫传播，经几天潜育形成新病斑，又产生分生孢子进行再侵染。气温高于25℃病害趋于停滞，秋季阴雨连绵时病害还会再发生或流行。山东地区一般5月初开始出现新的病斑，6～7月为发生盛期，9月病斑又出现扩展，11月病斑基本停止扩展。平原地比山地石榴树易感病。

防控措施

农业防控

加强肥水管理，增强树势，提高树体抗病能力，选用抗病品种。结合冬季修剪，剪除病枝、病果，刮除病疤，清理果园中的枯枝落叶，集中销毁或深埋。

物理防控

果实套袋。在套袋之前施药1～2次，喷完药待药液干后即可套袋。

化学防控

（1）**休眠期防治**。于4月上旬，用小刀刮治病斑，刮治方法：用小刀把病疤皮层全部刮下，并向四周刮出新的皮层，刮完后，立即用3%甲基硫菌灵膏剂涂刷病斑，并将刮下的病疤组织收在塑料袋内，集中销毁，以防病菌蔓延。

（2）**生长期防治**。6～7月是石榴疮痂病的盛发期，可分别在6月上旬、中旬和7月上旬，喷施以下药剂进行防治：50%苯菌灵可湿性粉剂1000～1500倍，70%代森锰锌可湿性粉剂600～800倍，70%甲基硫菌灵可湿性粉剂800～1000倍，20%唑菌胺酯水分散粒剂1000～2000倍，10%苯醚甲环唑水分散粒剂2500～3000倍，50%多菌灵可湿性粉剂600～1000倍，25%戊唑醇水乳剂1500～2000倍，25%吡唑醚菌酯乳油3000～4000倍等。

石榴太阳果病

石榴太阳果病在各石榴产区越来越广泛，有些地区已经上升为石榴主要病害之一。该病害严重影响果品的商品价值。

症 状

该病主要危害果实。该病在幼果期一般不发病，从果实硬核期至转色期开始发病，多发生在果实向阳面。初期为水渍状小点，后扩展成红褐色或黄褐色略突出于果皮表面的病斑，多个病斑可相互融合连接成一个黄色或黑褐色大病斑。后期有的品种在病斑处开裂露出籽粒。

石榴太阳果病病果症状

病 原

Alternaria alternate（Fr.:Fr.）Keissler，属半知菌类丝孢纲链格孢属细链格孢。

分生孢子梗单生或丛生，黄褐色，颜色比菌丝略深，偶有分枝。分生孢子单生或短链生，表面光滑，褐色，卵形或椭圆形，一般具3～8个横隔膜，1～4个纵、斜隔膜，隔膜处有缢缩，大小为12～40μm×8～15μm。具短喙，少数无喙，喙部颜色稍淡，每喙0～1个隔膜，大小为4～13μm×3～7μm。

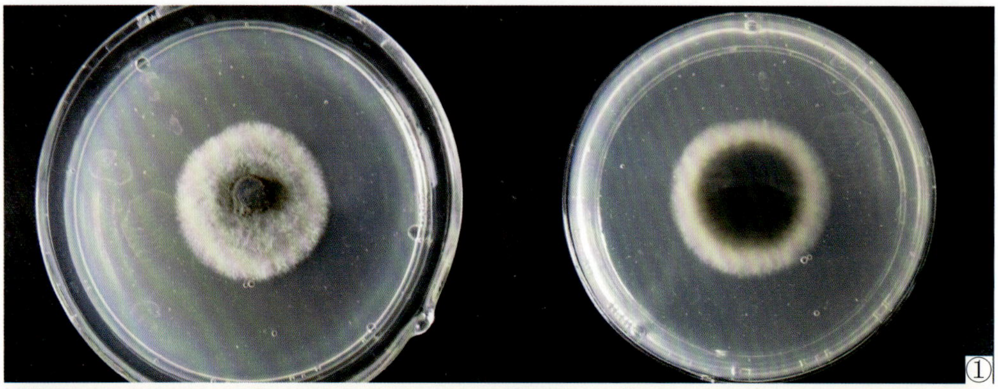
①

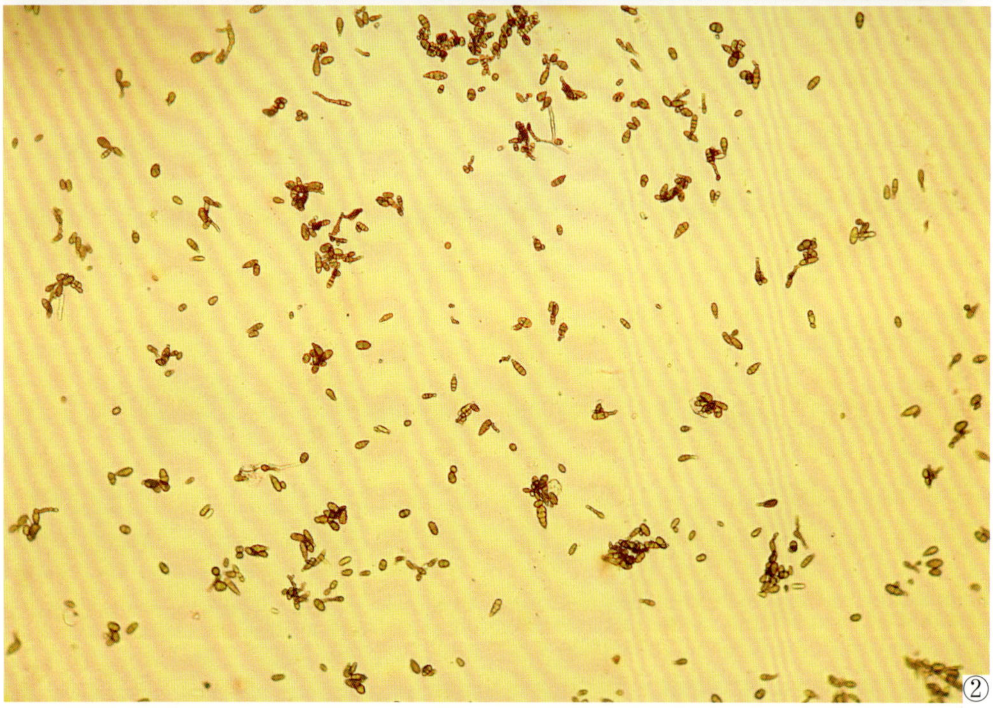
②

①石榴太阳果病原菌落
②病原菌分生孢子

发病规律

该病以菌丝在石榴病残体上越冬。病残体上的病原菌是来年的主要初侵染源。第二年春季，遇有适宜条件，产生分生孢子，借风雨、气流传播到石榴果实上进行初侵

石榴太阳果病病果症状

染。雨季及高温高湿的7、8、9月是其发病高峰期。

一般认为该病主要为复合侵染病害。首先向阳面的果实被阳光或高温灼伤造成伤口，病原菌即通过伤口进行侵染造成进一步为害。在雨季，温度适宜且果面上有日灼或虫害等伤口时更容易发病。高温多雨时该病流行速度快，潜育期短，容易暴发成灾，造成果面不美观，严重影响果品的商品价值。

防控措施

农业防控

（1）**冬季清园**。结合冬季修剪清除果园内病残体，将其集中烧毁或深埋。减少初侵染源。

（2）**加强田间栽培管理**。合理修剪，在向阳面适当增加枝叶遮挡果实，防止烈日暴晒。增施有机肥，改良土壤，增强树体抗病能力。适时浇水，防止土壤缺水也可减轻发病。

物理防控

石榴坐果后即可套袋，套袋前要间隔7～10天喷1～2次杀菌剂，喷后果面药水干后即可套袋，可有效防止太阳果病的发生。

化学防控

发病初期，喷施50%异菌脲悬浮剂1000～1500倍，10%多抗霉素可湿性粉剂1000～1500倍，43%戊唑醇悬浮剂3000～4000倍，80%代森锰锌可湿性粉剂800～1000倍等药剂均可有效防治太阳果病的危害。

石榴麻皮病

麻皮病在各个石榴产区发生非常严重，主要危害果实，造成石榴外观严重受损及品质下降、易腐烂、不耐贮藏。发病严重的果园果实被害率可达90%以上，严重影响石榴的商品价值。成为制约石榴发展的主要因素之一。

症 状

该病只发生在石榴果皮和花萼上。初病斑呈水渍状黄色小点，条件适宜病斑可迅速扩大，颜色由红褐色最后变为黑褐色，零星分布于果实的表面，后病斑逐渐扩大，多个病斑融合呈疮痂状，病斑微凸，后逐渐变粗糙，致使果皮表面轻度龟裂，发病严重的果实可全果被病斑覆盖。此病不侵害果实内部，只危害表皮，风味和可食率都不受影响，但在果实表面留下大量褐色或黑色干疤，严重影响石榴果实的商品价值。

病 原

造成石榴麻皮病的病原菌主要是由石榴痂圆孢菌*Sphaceloma punicae* Bitanc. et Jenk.引起，或与其他病原菌如石榴干腐病病原菌*Zythia versoniana* Sacc.等复合侵染造

石榴麻皮病病果症状

石榴麻皮病病果症状

成的。

日灼、蚜虫、蓟马危害等因素可加重石榴麻皮病的发生。

发病规律

病菌以分生孢子盘或菌丝体在病组织中越冬。病菌主要从石榴的皮孔侵入，也可从伤口侵染。翌年遇到合适的温湿度环境，病菌即产生大量分生孢子进行初侵染。

麻皮病的发生和流行与降雨、温度有很大关系，高温、多湿有利于分生孢子的形成、传播和萌发。

该病发病高峰期为5月中旬至6月上旬，降水多的年份发病较重。管理差的果园，在发病重的年份，病果率可达90%以上。

防控措施

农业防控

冬季清园。清灭越冬病虫，压低越冬病虫基数，是减轻石榴病虫害的关键措施。冬季落叶后，结合冬季修剪，清除病虫枝、果、叶并进行集中烧毁或深埋。

物理防控

果实套袋和遮光。果实套袋可以减轻病虫害和日灼的发生。在5月下旬至6月中旬，石榴坐果后可进行套袋，始花期至套袋前应喷1～2次杀虫、杀菌混合药剂（10%苯醚甲环唑2000倍加10%吡虫啉1000倍加2.5%高效氯氟氰菊酯水乳剂2000倍），喷完药待药液干后即可套袋。若条件不具备，也可仅对树冠顶部和外围的石榴用牛皮纸袋进行套袋，或者用拷贝纸遮住石榴的向阳面，将直射的太阳光挡住，有条件的甚至在易发生日灼的8、9月份在石榴园悬挂遮阴网，可有效防治日灼病。套袋果实于采果前15～20天拆袋，能减轻麻皮病的发生。

化学防控

春季发芽前对树体喷洒5波美度石硫合剂。石榴展叶后，用10%苯醚甲环唑水分散粒剂1500～2000倍或20%丙环唑乳油2000倍铲除潜伏为害的病菌。幼果期是防治石榴麻皮病的关键时期，要重点防治好疮痂病、蓟马、蚜虫等。防治蓟马、蚜虫可用10%吡虫啉可湿性粉剂1500倍，2.2%阿维·吡虫啉乳油2000倍，3%啶虫脒乳油2000倍等。防治该病可选用的药剂有：80%代森锰锌可湿性粉剂600～1000倍，70%代森联干悬浮剂600～800倍，10%苯醚甲环唑水分散粒剂3000～4000倍，25%戊唑醇水乳剂1500～2000倍，20%丙环唑乳油2000倍，25%吡唑醚菌酯乳油3000～4000倍，250g/L嘧菌酯可湿性粉剂1500～2000倍等。上述药剂可选择性混合或交替使用，每10～15天施用1次，均具有较好的防治效果。

石榴根霉软腐病

该病在主要石榴产区均有发生，主要发生在贮藏、运输、销售及树上过熟或落地的石榴果实上，常与其他果实病虫害复合发生。发病果实严重腐烂，严重影响果实品质和商品价值。

症　状

主要危害果实。

发病初期石榴果面上产生浅褐色水渍状圆形至不规则形病斑，扩展很快，病部长出疏松的白色至灰白色棉絮状霉层，致果实呈软腐状，后产生暗褐色至黑色菌丝、孢子囊及孢囊梗。

病　原

病原为匍枝根霉*Rhizopus stolonifer*，属接合菌纲毛霉目毛霉科根霉属真菌。菌丝，不分隔，呈多核状态。无性生殖以分生孢子繁殖，有性生殖则形成厚壁之接合孢子。其有性生殖一般少见，多数行无性生殖。生长适宜温度20～30℃。菌丛于25℃下，在PDA上生长快速，3天即长满整个培养皿，开始白色后变灰白色，一个月以后则呈黑褐色。反面开始白色后变灰白色。匍匐茎开始白色后变褐色。假根分枝多，发育良好。孢子囊柄直立，不分枝，起初白色，后变褐色，1～5枝丛生成一簇，长在假

根霉软腐危害症状

根对侧，长900～2700μm，直径22～32μm，无分隔，细胞壁平滑。孢子囊圆形，直径173～235μm，未成熟时白色，成熟后黑色，孢子囊壁平滑，成熟时溶解。中轴圆形，直径153～163μm，当孢子散出后，中轴多数下陷成半圆形。孢子多数橄榄形或有棱角，表面有沟纹，灰色，大小为7.5～9.6μm×4.3～7.5μm。

该病原菌除了危害石榴外，还危害多种作物，如桃、哈密瓜、甘薯等。

根霉软腐危害症状

发病规律

以病僵果内的菌丝体及病果、树体表面、落叶、土壤表面等处的孢囊孢子越冬。该菌广泛存在于空气、土壤、落叶、落果上，在高温高湿条件下极易从成熟果实的伤口侵入果实，且发展较快。该病菌可通过气流、降水、昆虫活动进行传播，也可通过病健果接触传播蔓延。温暖潮湿有利于其发病。各种易造成伤口的操作，如采收、包装、碰、挤等，都为病菌的侵入为害创造了条件；高温高湿利于病害的发生和蔓延。

防控措施

农业防控

清园，清除病僵果后掩埋或烧毁。田间增施有机肥和磷、钾肥，适时浇水，使果实发育良好，减少裂果。雨后及时排水，防止湿气滞留，合理修剪，改善通风透光条件，增强抗病力。

物理防控

果实套袋，可降低发病率。采收、贮藏、运输过程中注意减少伤口。单果包装，防止交互感染。

化学防控

在石榴近成熟时，喷布250g/L嘧菌酯1500～2000倍，50%扑海因可湿性粉剂1000～1500倍，50%腐霉利可湿性粉剂1200倍，25%戊唑醇水乳剂1500～2000倍，25%吡唑醚菌酯3000～4000倍，60%百泰水分散粒剂1000～1500倍，300μg/mL的生防菌（芽孢杆菌）发酵粗提物等均可显著减少石榴根霉软腐病的发生。

及时采收和低温贮藏

果实成熟后要及时采收，防止过熟采摘。注意在低温下进行贮藏和运输。

石榴褐斑病

又名黑斑病、角斑病。其主要危害石榴叶片和果实，石榴各产区均普遍发生，南方产区发生偏重。近年来该病呈逐年加重的趋势，一般年份病叶率达20%～40%，严重者病叶率达到80%，病果率为15%左右，严重的达50%。石榴树感病后，造成树体早期落叶、落果，树势衰弱，产值低下，损失严重。

症 状

叶片感病，初期叶面上出现针眼状的黑褐色小斑点，后逐渐扩大为圆形、近圆形、多角形等不规则斑块，其大小为0.3～0.5mm×3.0mm，后期叶面病斑为灰褐色或深褐色至黑色，边缘常呈黑线状。通常情况一片叶上分散着数个黑斑，是造成石榴早期落叶的重要病害。

石榴果实感病，病斑初期为黑褐色小点，后扩展为黑色或黑褐色不规则形病斑，微凹，病健交界明显。病斑的大小从直径1～2mm直到10～20mm不等，严重者病斑覆盖整个果面的1/ 2以上。病斑颜色为黑色，着色品种病斑边缘呈浅黄色，从树冠不同部位的感病程度来看，以下部感病较重，中部次之，上部最轻。

病 原

病原为石榴假尾孢*Pseudocercospora punicae* P. Henn.，异名*Cercospora punicae*

石榴褐斑病果实症状

石榴褐斑病叶片症状

P. Henn.，属半知菌亚门腔孢纲假尾孢属。病原生于叶正反面，或生于果实病斑表面。子座深褐色，球形至半球形，生在气孔下，大小直径为20 ~ 56μm，其上密布分生孢子梗，少数1 ~ 2 根单生或并生，分生孢子梗浅青黄色，具隔膜，梗短，直立不分枝，大小为6.5 ~ 52μm × 2.5 ~ 3.7μm；分生孢子顶生，无色至淡橄榄色，圆筒形或倒棍棒形，直或略弯曲，基部窄小成呈截形，顶略尖，隔膜有1 ~ 8个，以5 ~ 7隔者为多，大小为19.0 ~ 133.5μm × 2.5 ~ 4.0μm。菌丝丛灰黑色，在25℃时生长最好。

发生规律

病原菌以菌丝体和子座在病部或病落叶上越冬。来年4月上旬条件适宜时，产生分生孢子，借风雨传播，从伤口或穿过寄主表皮侵入，进行初侵染和再侵染。初侵染 一般发生在4月中下旬雨水来临后。先是叶片发病，后再对花、果进行侵染。南方梅雨季节是发病高峰。一般山东石榴产区5月下旬开始发病，7～8月为发病高峰。10月份石榴采摘后随着天气转凉而病情减弱，10月下旬叶片进入枯黄期而停止侵染发病，11月上旬随落叶病原菌亦进入越冬期。9～10月份由于叶上病斑数量增多，病叶率增加，叶片早落现象明显，对花芽分化的饱满程度不利，是来年生理落果严重的原因之一。

影响发病的条件：

（1）**温度**。平均气温达20℃以上、环境密闭、通风不畅、园内闷热的情况下，病菌容易萌发侵染引起病害。

（2）**湿度**。在雨水充足、温度高的条件下，湿度达到90%以上，病害会大发生。

（3）**虫害**。对石榴虫害的防治，减少虫害造成的伤口，相应减少了病害的发生，病果率可减少5%～11%。

（4）**抗病性**。品种间抗病性有差异。

防控措施

农业防控

（1）**清理果园**。落叶后要及时清理修剪下来的树枝、落叶及树上和园内的僵果、病果，刮除树干上已翘起的老粗皮，然后将它们一起焚烧或深埋，以减少越冬病菌的基数。

（2）**选用抗病品种**。发生严重地区，可选用白石榴、千瓣白石榴、黄石榴等抗病品种。

（3）**加强管理**。生长季节加强肥水及栽培方面的管理，合理修剪，雨后及时排水，以保持健壮的树势，提高抗病能力。衰弱树除了要施足农家肥，还要适量追施复合肥，并保证水分供应，另外要进行适度更新和回缩，以尽快恢复长势。

物理防控

6月初幼果期及时套袋可显著降低果实发病率。

化学防控

越冬前树干刮老粗皮后对主干用涂白剂进行涂白，防止病害并预防冻害。石榴发芽前用3～5波美度的石硫合剂对石榴树喷雾一次，除树上喷雾外，还要对树下的园地以及果园四周的篱笆等均匀细致普喷一次，降低菌源基数。防治的关键时期，一为春季刚开始传播侵染的4月中下旬，二为开始发病的5月中下旬，三为发病高峰期的7、8月份。可选用药剂有80%代森锰锌可湿性粉剂600～800倍，70%甲基硫菌灵可湿性粉剂800～1000倍，80%代森锌可湿性粉剂600～800倍，25%戊唑醇水乳剂1500～2000倍等进行喷雾。另外，也可用丙环唑、氟硅唑、苯醚甲环唑、嘧菌酯、吡唑醚菌酯、多菌灵、甲基硫菌灵、丙森锌等农药进行防治，除了树上用药外，园地及用作篱笆的植物也要兼喷用药，以提高防治效果。

石榴煤污病

又名煤病、煤烟病、烟污病、蝇粪病。在世界上分布较广。该病以病菌霉层遮盖枝叶和果实，严重阻碍石榴的光合作用，对树势、果实产量与品质影响极大，该病除危害石榴外，还危害桃、李、梨、苹果、柑橘、荔枝、龙眼等果树。

症 状

该病主要危害石榴的叶片，也危害石榴的枝干和果实。

多发生在叶片、果实和枝条表面，开始时表面产生暗褐色霉斑，继而向四周扩展成绒毛状的黑色霉层，颇似覆盖着一层烟煤灰；严重影响石榴的光合作用，导致叶片提早落叶，果实提前脱落。

病 原

病原为散播霉菌*Fumago vagans* Pers.，属于半知菌亚门真菌。菌丝暗褐色，串珠状，匍匐于叶面。分生孢子形态多样，单胞、双胞、四胞或多个聚集一起。分生孢子器直立，长棍棒状，长280～455μm，宽42～50μm。分生孢子器也有近球形的，直径49～70μm。分生孢子单胞圆形，深褐色，直径为4.9～8.5μm。该菌在石榴叶片、果皮或枝干上形成菌丝层进行危害。

煤污病叶片危害状

①

②

③

①煤污病果实危害状
②套袋果实危害状
③煤污病枝条危害状

发病规律

病菌以菌丝体、分生孢子在病叶、病枝等病组织上越冬，成为翌年的初侵染源。翌年孢子通过气流、风雨及蚜虫、粉虱、介壳虫等传播，并在这些害虫的分泌物及排泄物上或植物自身分泌物上发育、繁殖。高温高湿、通风不良、隐蔽闷热及虫害严重的地方，煤污病害严重。该病在早春至晚秋之间均可发生。6月下旬至9月上中旬是介壳虫危害盛期，此时高温、高湿有利于此病的发生。煤污病与蚧类、蚜虫的发生正相关。管理不良或荫蔽潮湿的果园均有利于发病。

煤污病枝条危害状

防控措施

农业防控

早春发芽前结合修剪将树上严重病虫枝及园内落叶、落果、杂草清除，集中烧毁或深埋。

物理防控

果实套袋。果园套袋可减轻果实煤污病的发生，套袋前要喷好杀虫剂和杀菌剂。加强栽培管理。合理修剪，保证通风透光，避免偏施氮肥，增强树势，以减轻发病。

化学防控

发芽前对树冠喷3～5波美度石硫合剂以减少侵染源及蚧类、蚜虫等越冬害虫。发病初期，及时喷施杀菌剂进行药剂防治。可选择的药剂有：1∶1∶200 波尔多液，50%多菌灵800～1000倍，80%代森锰锌800～1000倍，75%百菌清800～1000倍，25%戊唑醇水乳剂1500～2000倍，10%苯醚甲环唑可分散粒剂2000～3000倍等药剂。生长季节及时防治蚧类、粉虱、蚜虫等刺吸式害虫。蚧类、蚜虫等刺吸式害虫分泌物为煤烟病菌滋生提供营养条件。杀灭该类害虫可切断其营养源，减轻煤污病的发生与为害。杀灭蚧类、蚜虫可选用的药剂有10%吡虫啉可湿性粉剂1000～1500倍、3%啶虫脒乳油2000～3000倍、48%毒死蜱乳油1500～2000倍，2.5%高效氯氟氰菊酯水乳剂2000～2500倍等。

石榴果腐病

石榴果腐病在各个石榴主产区均有发生，常年发病率在20%左右，发病重的年份可达30%以上。采收后贮运期间继续危害蔓延，常造成严重经济损失。

症 状

由于石榴果腐病是由多种真菌危害造成的，其发生症状也各有不同。由褐腐病菌侵染造成的果腐，多在石榴近成熟期发生。初在果皮上生淡褐色水浸状斑，后不断扩大，以后病部出现灰褐色霉层，内部籽粒随之腐坏。病果常干缩成深褐色至黑色的僵果悬挂于树上不脱落。病株枝条上可形成溃疡斑。由酵母菌侵染造成的发酵果也在石榴近成熟期出现，贮运期可进一步发生。病果初期外观无明显症状，仅局部果皮微现淡红色。剥开淡红色部位可见籽粒变红，籽粒开始腐败，后期整果内部腐坏并充满红褐色带浓香味浆汁。用浆汁涂片镜检可见大量酵母菌。病果常迅速脱落。自然裂果或果皮伤口处受多种杂菌（生要是青霉和绿霉）的侵染，由裂口部位开始腐烂，直至

褐腐病菌引起的果腐病

酵母菌引起的果腐病

全果，阴雨天气尤为严重。果腐病的突出症状除一部分干缩成僵果悬挂于树上不脱落外，多数果皮糟软，果肉籽粒及隔膜腐烂，对果皮稍加挤压，就可流出黄褐色汁液，至整果烂掉，失去食用价值。

病 原

引起石榴果腐病的病原菌有多种，主要是由三种引起的。褐腐病菌*Monilnia laxa*（Aderh. et Rubl.）Honey，称核果链核盘菌，属子囊菌亚门；酵母菌*Nematospora* sp.；杂菌（主要是青霉、绿霉）。其中酵母菌引起的果腐病占一半以上。

褐腐病菌菌落呈现灰黄色或灰褐色，中心的颜色较四周深，菌落边缘不整齐，气生菌丝较少，菌丝贴近培养基，新长出的菌落与老菌落交互交错，形成玫瑰花瓣状

青霉菌等杂菌引起的果腐病

结构，产孢较少。分生孢子梗二叉状分枝，梗端连续串生，分生孢子单孢，无色或单色，链状排列，柠檬形或长椭圆形。

酵母菌引起的果腐主要病原菌是假丝酵母，为子囊菌亚门，酵母属。单细胞，细胞呈球形、椭圆形、圆筒形、长条形，有时为不规则形，通过发芽而繁殖，可形成假丝菌。

青霉引起的果腐病病原主要是*Penicillium expansum* Link，称扩展青霉。菌落小斑点状，草绿色，背面肉桂色，中央有红色的小点。菌丝在13～30℃均可生长，最适温度为20℃。分生孢子梗自表生菌丝生出，单生、簇生或孢梗束状生，分生孢子梗200～500μm×3～4μm。顶端呈帚状分枝，三层轮生，瓶状小梗细长。分生孢子扁圆形或圆形，光滑无色，集聚时呈青绿色，分生孢子大小为3～3.5μm×2.5～3μm。

发病规律

褐腐病病菌以菌丝或子囊孢子、分生孢子在僵果上或枝干溃疡处等病组织上越冬。来年雨季遇到合适条件孢子萌发和侵染。主要通过各种伤口侵入果实，也可通过角质层的渗透、气孔等途径侵染。靠气流、雨水和昆虫传播侵染。

酵母菌形成的发酵果主要与石榴介壳虫有关。凡是受过介壳虫危害的石榴，在果嘴残花处特别是花丝部位均可见虫体。介壳虫的刺吸使酵母菌得以通过伤口侵入石榴果实，引起发酵果的大量发生。镜检介壳虫体液中含有酵母菌。

石榴裂果果实易受多种杂菌（主要为青霉和绿霉）侵染。由裂口开始腐烂，直至全果，阴雨天气最为严重。在贮藏环节危害重。

高温、高湿及大量裂果或有伤口的条件下，果腐病发生重。

防控措施

农业防控

冬季清园。清除病残果及附着越冬病虫的枝条，焚烧或深埋。多施农家肥，培肥地力；增施钾肥，提高石榴树的抗病性能，合理修剪，增强果树通透性。

物理防控

果实套袋。幼果期果实及时套袋可显著降低果腐病的发病率。

生物防控

孔维嘉等从乌龙茶上分离筛选出的解淀粉芽孢杆菌（*Bacillus amyloliquefaciens*），具有较好的安全性。该芽孢杆菌能够产生对引起果腐的扩展青霉有强烈抑制作用的蛋白类物质，该蛋白分子质量大于8000D，能够被胃蛋白酶和木瓜蛋白酶水解，具有成为水果采后青霉病抑制剂和作为天然杀菌剂的广泛应用前景。

化学防控

生长季节，防治石榴褐腐病菌引起的果腐病，应在发病初期喷施12.5%戊唑醇水乳剂1500～2000倍，50%多菌灵可湿性粉剂600～800倍，80%代森锰锌可湿性粉剂600～1000倍液，60%吡唑醚菌酯·代森联水分散粒剂1500～2000倍等药剂。每10～15天喷药一次，连续2～3次；防治酵母菌引起的果腐病，应于发芽前喷施5波美度石硫合剂。生长季节5月下旬和6月上旬喷施40%毒死蜱乳油1500倍或70%吡虫啉可湿性粉剂3000～5000倍防治石榴绒蚧、康氏粉蚧、龟蜡蚧等介壳虫。防治扩展青霉引起的果腐病，在果实近成熟时喷施88%水合霉素可溶性粉剂1000倍。进入贮藏环节，要将冷库等贮藏环境进行消毒处理；用1mg/mL壳聚糖处理果实可有效抑制青霉等霉菌在贮藏环节引起的果腐病。

注意防治裂果。幼果膨大期喷施1000倍果蔬钙加50mg/L赤霉素，或3.4%赤·吲乙·芸可湿性粉剂7500倍可防治裂果。

石榴枯萎病

石榴枯萎病是近些年在我国发现的一种毁灭性石榴病害，最早报道于印度（1999年）Karnataka、Maharashtra地区，我国最早于1999年在云南省蒙自县发现石榴枯萎病。目前我国云南的蒙自、四川的攀西地区均有病树发生，且有加速蔓延的趋势。

症 状

该病可危害任何树龄的石榴树，但老树发病重，树龄越老发病越重。发病初期，在树干基部呈细微纵向开裂，剥开皮部可见木质部变色，其横截面可见放射状暗红色、紫褐色至深褐色或黑色病斑，少数枝条上的叶片发生黄化和萎蔫。发病中期，在树干不同高度部位可见梭形病斑开裂，呈逆时针螺旋式向上蔓延，此时病树叶片开始变黄和萎蔫，树梢部位开始落叶；发病后期，受害植株叶片全部凋落，枝

田间有明显的发病中心和中心病株

感病植株死亡状

条枯萎或整树枯死。根部受害症状表现为主根或侧根表面产生黑褐色梭状病斑，病斑上产生黑褐色霉层，肉眼可见黑色毛状物；病根横截面呈黑褐色放射状变色，严重时根部腐烂坏死。

病　原

病原菌为子囊菌门长喙壳属甘薯长喙壳*Ceratocystis fimbriata* Ellis & Halst.，是一种世界性广泛分布的病原菌。国外报道，除危害甘薯外，还危害可可、咖啡、橡胶、杧果、桉树、柑橘、李属以及木薯、芋头等多种木本和草本植物。

病原菌可产生两种形态不同的分生孢子及一种厚垣孢子。子囊壳深褐色至黑色，基部球形，有细而长的喙，子囊孢子通过喙孔口溢出。子囊壳基部直径90.8～149.8μm，喙长254.4～533.8μm，喙直径14.2～22.6μm。子囊孢子无色，呈帽形，大小为3.7～6.μm5×3.1～5.7μm，遇水时从子囊壳颈口顶端孔口溢出。厚垣孢子为淡褐色，近圆形，单生，大小为8.7～18.1μm×8.2～10.7μm。分生孢子圆柱形，无色单孢，可链生，大小为7.3～9.4μm×11.6～13.2μm。

发生规律

石榴枯萎病病原菌以厚垣孢子、菌丝体等在病根、茎、枝及大田和苗床土壤、粪肥中越冬，成为翌年发病的主要侵染来源。

病原菌从根部伤口或自然孔口侵入，造成根部的腐烂坏死。石榴枯萎病是一种土传的维管束病害，病原菌侵染根部，病害地上部显症主要集中在4～5月盛花期和7～8月挂果期，主要症状为叶片萎蔫、黄化、凋落，尤其是7～8月出现果实开裂、整株枯萎死亡等症状。石榴树一般从基部出现裂纹至树体死亡需要1～2年，发病严重的从基部出现症状到死亡仅需2～4月。

该病树根系、茎段和病苗是近距离和远距离传播的主要途径，其中冬季和夏季的枝条修剪和中耕施肥是人为传播病害的重要方式。病原菌可通过枝剪、砍刀、锄头等劳动工具传播，羊等家畜啃食发病树皮和韧皮部后病菌随粪便排泄可能是传播方式之一。

日平均温度超过20℃、降雨过多发病严重。土壤偏酸性，氮磷钾肥施用过多易加重病害。根结线虫危害石榴苗根部造成创伤，从而增加石榴枯萎病病原的入侵而加重危害。

防控措施

农业防控

（1）**加强检疫**。禁止从病区调集苗木到未发病产区。隔绝病原菌传播。

（2）**建园管理**。建立新园或者进行扦插苗繁殖时应选择未发生过石榴枯萎病的田块，必要时可对土壤先进行消毒或熏蒸处理。选择未发生石榴枯萎病田块的健康石榴树枝条作为扦插枝扩繁，移栽前可用25%多菌灵可湿性粉250倍液对扦插枝伤口进行浸泡。

（3）**清理病树**。发现病树时要及时把病树、病桩、病根挖出烧毁，对病树的土壤进行消毒处理。

生物防控

采用“根腐消”（枯草芽孢杆菌）进行土壤处理，同时使用针对地下害虫、根结线虫的杀虫剂和杀线虫剂可起到一定的预防作用。另外，加强哈茨木霉对石榴枯萎病的生物防治的探讨工作。

化学防控

用杀菌剂25%啶菌恶唑、45%咪鲜胺、12.5%腈菌唑、30%戊唑醇·多菌灵、30%恶霉灵、25%丙环唑等药剂灌根有较好的防治效果。采用树体茎干输液、刮皮涂抹包茎施药也是一种有效的方法。

石榴叶霉病

石榴叶霉病在各个主产区均有发生，一般发生在石榴生长后期，只危害叶片，是造成石榴落叶的重要因素之一。

症 状

从叶尖或叶缘开始发病，逐渐向叶柄方向扩展，形成褐色或黑褐色病斑，略带油渍状，病健交界不明显，后期叶背面密生橄榄绿色霉层。

病 原

病原菌为半知菌类枝孢属极细枝孢*Cladosporium tenuissimum* Cooke。分生孢子梗簇生，屈膝状，表面平滑，褐色。分生孢子链生，卵圆形、椭圆形、近圆形、黄褐色，双层壁，有隔膜0～2个，大小差异大，孢子大小为3.88～25.9μm×2.88～4.8μm。

发病规律

病原菌以菌丝体和分生孢子在病残体上越冬。病残体上的病原菌是主要初侵染源。翌年雨水来临后，病残体上产生大量分生孢子，进行初侵染，借风雨或昆虫传播蔓延。当温湿度条件适宜时，可进行多次再侵染。雨水多、高温年份发病重。

防控措施

农业防控

结合冬季修剪，彻底清除果园内的病残体以及落叶，集中烧毁或深埋，减少果园病原菌越冬基数。加强树体管理。调节石榴园内的湿度，天旱及时浇水，雨涝及时排水，严防湿气滞留园内。加强肥水管理，提高树体抗病性。

化学防控

石榴生长后期，叶霉病初发生时，及时喷施有效药剂进行防治。可选择的药剂有：30%戊唑醇·多菌灵可湿性粉剂1000～1500倍，25%戊唑醇水乳剂1500～2000倍，50%异菌脲可湿性粉剂1000～1500倍，250g/L嘧菌酯悬浮剂1500～2000倍，70%代森锰锌可湿性粉剂600～800倍等。

石榴叶霉病症状

石榴枝枯病

该病主要危害石榴枝条或主干，各石榴产区普遍发生，且有加重趋势，常造成部分枝条或主干枯死，严重影响石榴树势和产量。该病发生与冻害发生正相关，管理粗放的果园发生较重。

症 状

该病常发生在春季和秋季，主要侵染一些因病虫害和冻害等其他原因导致生长衰弱的枝条。有的小枝开始感病，后蔓延至大枝，最后造成整个枝条枯死。也有为害苗木枝条或石榴树主干，产生溃疡斑或枝枯。后期枝条病部可见密生的小黑点状突起。

病 原

石榴枝枯病病原菌有两种，一种为*Phomopsis punicicola*，为半知菌类腔孢纲球

石榴枝枯病症状

壳孢目石榴拟茎点霉属。分生孢子座真子座质，埋生，褐色至暗褐色，分散、集生或合生，球形、烧瓶形或扁球形，单腔和多腔或螺旋状腔；器壁厚，上半部颜色常略深；分生孢子梗分枝、分隔无色且多数细长；产孢细胞无色、圆柱形，自分生孢子梗及分枝上生出，内壁芽生瓶体式产孢、围领、产孢口及平周加厚均小；分生孢子有2种类型，甲型（α）：无色、单孢、纺锤形或长椭圆形、通常含两个油球；乙型（β）：无色、单胞、线形、不含油球、顶端常为钩状或卷曲。分生孢子梗无色，分枝。

另一种病原菌为*Botryosphaeria ribis*（Tode）Gross. et Dugg.，属子囊菌茶藨子葡萄座腔菌。子座散生，初埋生，后突破表皮外露，黑色枕形，内含数个子囊壳，子囊壳球形或近球形，壳壁黑褐色，顶端具乳头状突起，孔口外露；子囊黑褐色倒棒状，内含8个子囊孢子。子囊孢子梭形，无色透明，单胞，椭圆形，双列，大小为16.8～26.4μm×7～10μm。无性态为*Dothiorella gregaria* Sacc.，称桃小穴壳菌。子座黑色近圆形，直径0.6～0.8mm，内生1至数个分生孢子器。分生孢子梗短，分生孢子纺锤形，单胞无色，大小为20～27μm×5～7μm。

发病规律

石榴拟茎点霉属以分生孢子器在病残体上越冬。茶藨子葡萄座腔菌以菌丝体、分生孢子器及子囊壳在病组织内越冬，是翌年的主要侵染源。翌年雨水来临后，病残体上产生大量孢子，进行初侵染。温湿度条件适合时可以进行多次再侵染。

生长衰弱的树、被病虫害为害和发生冻害的树更容易被侵染。

防控措施

农业防控

结合冬季修剪，彻底清除果园内枯死的枝条，集中烧毁或深埋，减少病原菌越冬基数。加强树体管理。合理修剪、施肥，增强树势，提高树体抗病能力。进行农事操作时应避免对树体造成伤口。加强果园病虫害防治，减少因病虫害造成的病斑或伤口。注意果园防冻措施。

化学防控

发病初期，及时喷施25%戊唑醇水乳剂1500～2000倍，25%吡唑醚菌酯乳油3000～4000倍，70%甲基硫菌灵可湿性粉剂600～1000倍等。已经产生病疤的可以对病斑进行刮治，刮治后涂杀菌剂进行保护。

石榴木腐病

木腐病在石榴产区普遍发生，主要发生在衰弱树上，多年生树发病严重。管理粗放的果园发病重。

症 状

石榴木腐病主要危害衰老石榴树的枝干和心材，引起心材腐朽。病部表面长出白色或灰色或杂色的病原菌子实体。病原菌子实体形状各异，有覆瓦状叠生，伞状、马蹄状，有簇生、单生等。以枝干基部受害重，常导致树势衰弱，叶色变黄或过早落叶，引起产量降低或不结果。

病 原

病原菌属于担子菌亚门，主要是暗黄层孔菌*Fomes fulvus*、多毛栓菌*Trametes*

石榴木腐病病原菌子实体

形状各异的病原菌子实体

hispida、单色云芝*Polystictus unicolor*、裂褶菌*Schizphylhls commne* Fr.、截孢层孔菌*Fomes truncatospora*（Lloyd.）Teng、杂色云芝*Trametes versicolor*等。

发病规律

病原菌以菌丝体或子实体在受害枝干病部越冬。条件适宜时产生大量担孢子，借风雨传播，经锯口或其他伤口侵入，在木质部内扩展危害，引起木质部腐朽。6～9月雨季发病严重。修剪等造成的大伤口、虫伤、冻伤、灼烧或生长不良的枝干均有利于发病。枝枯病、干腐病、天牛、吉丁虫等病虫害在枝干上造成的伤口是木腐病病菌侵染的重要途径之一。

木腐病的发生和流行与树龄、环境条件和栽培管理有关。树龄大、环境温湿度大、管理粗放石榴园的衰弱树发病重。

防控措施

农业防控

（1）**清园管理**。及时清除树体上病原菌形成的子实体，将病菌子实体带到园外集中烧毁。枯死的树桩及时刨除清理干净。

（2）**加强树体管理**。合理施肥浇水，增强树势。在除灭杂草或修剪等田间作业时，尽量不要损伤树干，避免留有大的剪口、残桩以及能积存水分的水平面伤口，并注意对伤口的保护，涂抹油漆和杀菌剂，促进伤口尽快愈合。加强对病害及天牛、吉丁虫等蛀干害虫防治。

生物防控

绿色木霉的孢子悬浮液用于保护新修剪的伤口，防止木腐病菌的侵染。

化学防控

雨季来临后，对老弱树体，喷25%戊唑醇水乳剂1500～2000倍、25%吡唑醚菌酯乳油3000～4000倍、20%粉锈宁乳油2000～3000倍，也可有针对性地对老弱病树锯口或发病部位用上述杀菌剂药液进行涂抹。发病后及时清除树体上病原菌形成的子实体，并用1%硫酸铜溶液等杀菌剂对发病部位进行消毒。病树根部发病，刨掉树根后，利用化学熏蒸剂，如氯化苦或溴甲烷等进行土壤熏蒸，以消除残根和土壤内残留的木腐病菌。

石榴线虫病

线虫病害是石榴的一类重要病害，随着石榴种植规模的不断扩大和石榴树龄的增长，石榴线虫病害越来越严重，常导致石榴树衰退直至死亡，甚至毁园。由于线虫为害的隐蔽性和与其他病害危害症状的相似性以及人们对线虫危害的认识不足，使其在生产中往往被忽视，这已成为石榴产业发展的重要瓶颈。

症 状

发生较为严重的石榴线虫病是根结线虫病。石榴根结线虫病在苗期时症状不明显，主要在种植半年之后出现病症。树龄越大为害越重。初侵染时一般不表现特殊症

地上部症状不明显，树势稍弱

状，与干旱、营养不良及缺素症相类似不会引起重视。随着根结线虫的不断繁衍，可吸收根受害逐渐增多，病情逐渐加重，发病较重的果苗，叶色萎黄、叶片稀少、生长缓慢；发病较重的果树表现为叶缘卷曲、无光泽、开花多而挂果少、产量低等现象。病株根系肿胀呈鸡爪状、表皮变褐，主根肿大腐烂，侧根着生大大小小的根瘤，刺激产生很多须根，须根之上再产生根结，其上可见细小如针头大的侵入点或附着卵块，最后整个根系腐烂，失去生命力，树冠表现出比健康树生长势差、树势衰弱的现象，即出现抽梢少、叶片小，影响根系发育和功能。高温时症状最明显，干旱时病情更严重，重病株严重矮化、叶片发黄下垂，花果生长受阻，枝枯叶落，严重的会引起整株枯死。发病株根系自下而上布满"根瘤"(虫瘿)，剖开虫瘿，可见大大小小的根结线虫，虫体呈乳白色洋梨状，肉眼可见。南方根结线虫根结表面光滑，不长短须根；北方根结线虫根结上长短须根，根结形成后，原来的根不再生长，产生次生根，次生根上又产生根结，整个根系畸形，根系不发达，个别叶片有不同程度的畸形。

石榴病原线虫病的种类、形态特征与分布范围

自20世纪60年代，尤其是80年代以来，国外就有关于石榴寄生线虫（以下称"石榴线虫"）种类调查、物种多样性及控制的报道，并有相对系统的研究。

我国第一例报道的石榴线虫病害是发生在安徽怀远的石榴根结线虫病。目前，我国对石榴根结线虫病的研究较为系统，其他石榴线虫病害的研究尚少见报道。

目前，我国调查发现的石榴线虫19属20种。分别是：垫刃属（*Tylenchus*）；丝尾垫刃属（*Filenchus*）；平滑垫刃属（*Psilenchus*）；米卡垫刃线虫属（*Miculenchus*）；矮化属（*Tylenchorhychus*），厚尾矮化线虫（*T. crassicaudatus*），克莱顿矮化线虫（*T. claytoni*）；短体属（*Pratylenchus*），咖啡短体线虫（*P. coffeae*），刻痕短体线虫（*P. crenatus*）；非类短体属（*Apratylenchoides*）；螺旋属（*Helicotylenchus*），双宫螺旋线虫（*H. dihystera*）；盘旋属（*Rotylenchus*）；拟盘旋属（*Pararotylenchus*）；根结属（*Meloidogyne*），南方根结线虫（*M. incognita*），北方根结线虫（*M. hapla*），花生根结线虫（*M. arenaria*），爪哇根结线虫（*M. javanica*），高弓根结线虫（*M. acrita*）；针属（*Paratylenchus*）；小环属（*Criconemella*），弯曲小环线虫（*C. curvata*），畸形小环线虫（*C. informis*）；环属（*Criconema*），畸形环线虫（*C. aberrants*）；拟鞘属（*Hemicriconemoides*），杧果拟鞘线虫（*H. mangiferae*）；滑刃属（*Aphelenchoides*），甘蔗滑刃线虫（*A. sacchari*）；真滑刃属（*Aphelenchus*），燕麦真滑刃线虫（*A. avenae*）；剑属（*Xiphidorus*），美洲剑线虫（*X. americanum*），标明剑线虫（*X. insigue*），短颈剑线虫（*X. brevicolle*）；长针属（*Longidorus*），伊朗长针线虫（*L. iranicus*）。

目前在云南、安徽、山东等石榴产区均发现根结线虫危害石榴。调查发现，根结线虫是我国石榴分布较广、危害严重的一类重要病原线虫。主要有3种：南方根

①根部根结明显，新形成根结少见腐烂
②根部根结明显，随着线虫危害，被害根系变色，逐渐腐烂根的功能受到影响，地上部的衰退逐渐明显，直到枯死
③根结线虫危害石榴根系的部分症状

结线虫[*M. incongnita*（Kofold & White）Chitwood，1949]、北方根结线虫（*M. hapla* Chitwood，1949）、花生根结线虫[*M. arenaria*（Neal）Chitwood，1949]。

南方根结线虫

雌雄异形，雄虫未见。雌虫虫体膨大，呈球形或洋梨形，有明显突出的颈部，唇区稍突起，略呈帽状，体长586.0 ~ 750.0μm，最大体宽304.0 ~ 430.0μm，口针长13.0 ~ 16.0μm；会阴花纹有变异，花纹呈椭圆形或近圆形，背弓较高，背弓顶部圆或平，有时呈梯形，背纹紧密，背面和侧面的线纹呈波浪形或锯齿状，有的平滑，侧区不明显，侧面线纹有分叉，腹纹较少，光滑，通常呈弧形由两侧向中间弯曲。2龄幼虫线形，纤细，头端平，体长373.0 ~ 393.0μm，尾长36.5 ~ 54.0μm，透明尾长10.4 ~ 13.8μm。

分布：云南（蒙自、会泽、建水），安徽（怀远），山东（泰安、峄城）。

北方根结线虫

雌雄异形，雄虫未见。雌虫虫体梨形或长椭圆形，颈通常很短，颈部与体分界不明显，颈的前端尖，向后逐渐加粗，基杆为圆柱形，口针基球很小，球形。前缘向后倾斜，与杆部的界限明显。中食道球圆形或球形，排泄口的位置较后，位于口针基球后约1.5倍口针长度处，体长662.0 ~ 864.0μm，最大体宽351.5 ~ 425.0μm，口针长12.5 ~ 15.0μm；雌虫会阴花纹多为稍扁平的卵圆形，背弓多为扁平形，背腹线纹相遇处有一定的角度，有的形成“翼”，侧线不明显，在形成整个花纹的图案时线纹多有变化，从波浪形到平滑形不等，尾区通常有刻点。2龄幼虫线形，尾部末端钝，尾透明末端界限多数明显，尾端有缢缩。体长395.0 ~ 417.5μm，尾长43.5 ~ 58.0μm，透明尾长11.0 ~ 18.0μm。

分布：云南（蒙自）。

花生根结线虫

雌雄异形，雄虫未见。雌虫虫体乳白色，柠檬形，虫体大小变化较大，特别是体宽和颈长部分，少数虫体的颈部较长，而且细，但大多数虫体的颈部较短，与虫体的分界不明显。口针粗大，口针基部球近球形，前缘向后斜或平，中食道球

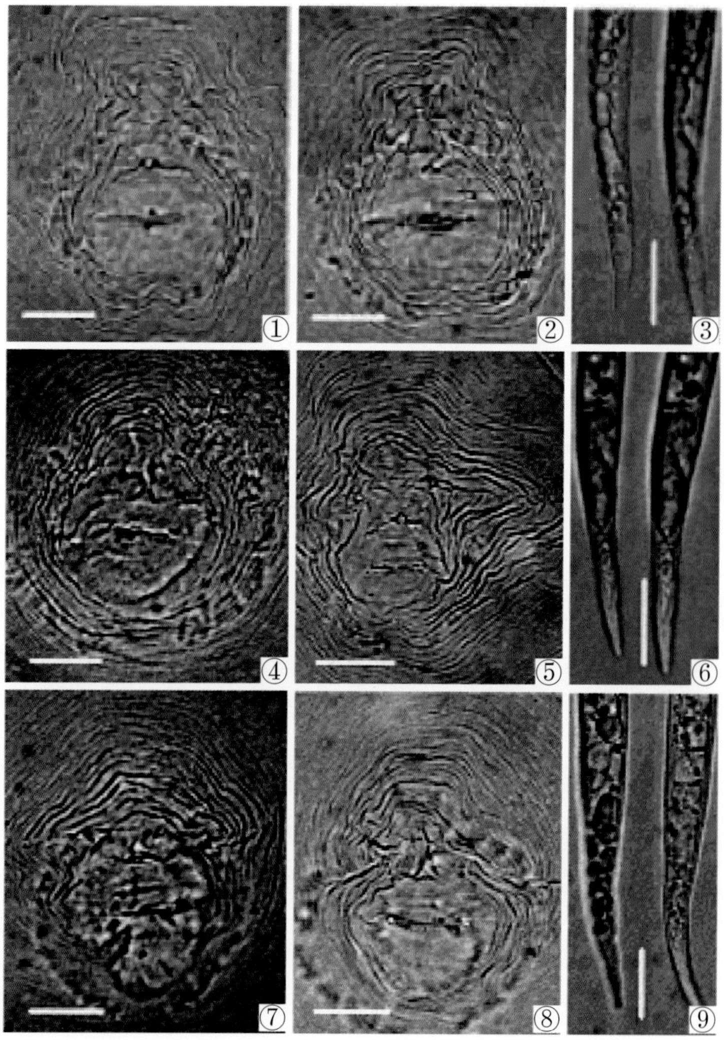

危害石榴的3种根结线虫的会阴花纹和2龄幼虫尾部特征
注：①②④⑤⑦⑧：会阴花纹（比例尺：20μm），③⑥⑨：2龄幼虫尾部特征（比例尺：10μm）。①②③：南方根结线虫；④⑤⑥：北方根结线虫；⑦⑧⑨：花生根结线虫

危害石榴的3种根结线虫的主要形态指标测量值

形态指标	南方根结线虫	北方根结线虫	花生根结线虫
雌虫			
测计的标本数	20	20	20
体长 (μm)	614.4 ± 88.6(586.0-750.0)	758.9 ± 70.5(662.0-864.0)	618.4 ± 175.6(469.0-806.0)
最大体宽 (μm)	385.9 ± 60.4(304.0-430.0)	390.4 ± 43.6(351.5-425.0)	393.1 ± 65.5(278.5-490.0)
口针总长 (μm)	15.1 ± 1.3(13.0-16.0)	16.5 ± 1.8(12.5-15.0)	15.8 ± 1.9(14.0-18.0)
背食道腺开口至口针基部球的距离 (μm)	3.8 ± 0.4(2.9-4.4)	4.4 ± 0.9(2.9-6.2)	4.0 ± 0.8(2.9-5.8)
排泄孔至头端的距离 (μm)	17.2 ± 1.9(14.6-21.8)	27.1 ± 6.4(17.5-36.4)	34.2 ± 5.6(26.2-43.7)
2龄幼虫			
测计的标本数	20	20	20
体长 (μm)	385.3 ± 5.8(373.0-393.0)	403.7 ± 8.5(395.0-417.5)	405.2 ± 6.7(395.0-422.0)
最大体宽 (μm)	13.5 ± 0.8(10.9-14.2)	14.2 ± 0.4(13.5-14.6)	14.5 ± 0.2(13.8-14.6)
尾长 (μm)	47.8 ± 3.8(36.5-54.0)	53.0 ± 4.6(43.5-58.0)	53.3 ± 2.8(49.0-58.0)
透明尾长 (μm)	12.0 ± 0.009(10.4-13.8)	16.4 ± 1.8(11.0-18.0)	16.4 ± 1.5(14.6-20.0)

圆形到椭圆形，排泄口的位置变化较大，与头前端的距离平均约为口针长的3倍，体长469.0～806.0μm，最大体宽278.5 ～ 490.0μm，口针长14.0～18.0μm；雌虫会阴花纹的背弓多为扁平到扁圆形，近肛门处的线纹多为波浪形，背弓线纹多为平滑形，腹面的线纹和背面的线纹通常在侧线处相遇，并呈一定的角度。弓上的线纹在侧线处稍有分叉，且通常在弓上形成肩状突起，肩状突起形态各异，有的只有一侧肩状突起明显，有的则双侧都较明显。2龄幼虫线形，尾末端尖圆，尾透明末端界限多数明显，有的不明显。体长395.0～422.0μm，尾长49.0～58.0μm，透明尾长14.6～20.0μm。

分布：云南（会泽、建水）。

发生规律

发生较为严重的石榴线虫病是根结线虫病，初侵染源主要为带根结线虫的石榴苗木，苗圃中的果苗虽然地上部生长正常，但根部有许多瘤状物，如进行分离，可得到2龄幼虫及根际寄生线虫。刚孵化出的幼虫可在土壤中短距离移动，然后再侵入植株根部，在取食植物根汁液过程中分泌激素，刺激根部细胞形成“根瘤”，其内的幼虫经发育为成虫后，即行交配、产卵，不断地繁殖。其次，栽种地（石榴园）的土壤中本身也可能存在根结线虫，经过1～2年时间，也能被侵染为害。农事活动、农具以及灌排水、人为因素均可传播线虫。在坡地种植的果苗，往往山脚发病重于山顶；而在平原地栽培的石榴园，栽培管理措施好、肥水供应充足均匀、植株生长健壮的发病较轻，反之发病重；干旱高温季节发病较重，砂壤土的地块发病较重。

植物线虫常常与其他土传病害的病原形成复合侵染，而加大了线虫病害和其他土传病害的难度。

王新荣等（2010）对根结的形态及形成机理进行了评述，认为植物根结形态和根结内巨型细胞的数目以及大小由植物—根结线虫互作体系共同决定。通过比较常见的感染根结线虫的植物根结结构及其形成过程，可将根结分成单根结和重根结2种类型，并将根结线虫引起寄主植物形成根结的发展过程分为诱导、发展、成熟和衰败4个阶段。根结内含物成分与正常根尖细胞的内含物有较大的差异。植物细胞分裂周期基因、细胞有丝分裂激酶、细胞壁裂解酶基因以及水通道蛋白基因等与根结的结构及内含物密切相关。

Khan等（2008）研究了爪哇根结线虫对石榴根系的影响，其病理学研究表明，爪哇根结线虫幼虫进入根之后用口针进行穿刺取食的行为，导致邻近的细胞被线虫严重损坏，寄主植物细胞壁破损进而形成巨型细胞。成熟雌虫产生卵块可孵化出幼虫，幼虫可再次侵染石榴根。目前病理症状观察的研究结果表明，爪哇根结线虫主要是通过破坏石榴根的皮层组织导致根吸收水分和养分的能力降低，最终影响石榴的生长。

防控措施

植物线虫病害的防控极为困难。其一是线虫危害的隐蔽性，易被忽视。其二，植物线虫生命力极强，它通过口针取食植物细胞液，因此一般农药对它几乎没有毒害作用，除非这些农药被植物吸收，且在其细胞液中达到相应的水平；同时，因线虫体壁结构的特殊，药剂难以渗入其体内。

农业防控

（1）**培育无病苗木**。尽量在无线虫为害的区域繁育石榴苗木。为防止误判，繁殖石榴苗的基地夏天也要进行覆膜高温日晒处理并结合药剂铲除线虫，培育无线虫病的优质苗木供生产上应用。

（2）**选育抗性品种**。抗性品种具有对环境友好、持久、经济的优点，因此，在线虫危害严重地区栽培抗性品种是防治线虫病的一个重要措施。各国科学家近年来初步对一些石榴品种对线虫的抗性进行了鉴定，并筛选了一些抗线虫的石榴品种。

随着分子线虫学的发展，科技工作者挖掘了很多抗线虫的基因，随着抗性品种及抗性基因的不断发现和报道，线虫与植物互作机制的深入研究，在未来会选育出更多品质优良的抗线虫的石榴品种供生产栽培应用。

（3）**加强栽培管理**。栽培措施得当，可增强树势，提高石榴对线虫抵抗能力，减轻危害。因此应加强肥水管理，按时按需勤施薄施水肥，每月坚持施沤制腐熟的粪水或花生麸、菜子饼等2次，可降低石榴根际线虫。Khan等（2011）研究表明芥末及蓖麻饼能显著降低石榴根际线虫的种群。油渣饼、木屑、纤维素废料、甘蔗渣及其他生物废料如几丁质、骨粉、污泥、禽畜排泄物等对控制线虫的种群也有较好的效果（Akhtar & Alam，1993）。如几丁质的添加有助于土壤和根际中产几丁质酶的微生物增加，几丁质酶能够降解线虫上富含几丁质的卵壳。尽管施用改良剂后线虫拮抗物数量会有所增加，几丁质对线虫的防效，主要取决于施用后不久氨的释放。另外重施有机肥，可改善土壤结构和肥力，改善作物的抗线虫水平，同时释放对线虫有毒的复合物，有利于寄生线虫的真菌、细菌及其他线虫拮抗生物的生长，当然有机物在植物疾病控制和刺激微生物生长的模式是复杂的（Akhtar & Malik，2000）。Dong等（2012）研究了温室内蔬菜根结线虫的控制方法，结果表明，蓖麻、辣椒或茼蒿套种黄瓜减少南方根结线虫感染率分别为71.54%、25.90%和40.42%。然而与蓖麻、辣椒间作抑制黄瓜根的生长。此外，烟草残余物能使土壤线虫虫口密度降低29.38%，但却增加了番茄感染线虫的几率。用烟草残余物（15g）与茼蒿对番茄根结线虫进行综合治理，则可降低56%的根结指数和57.35%的虫口密度。所以认为，在温室环境中对南方根结线虫进行治理时，茼蒿是最好的间作作物，烟草残余物（15g）与茼蒿这一组合是一个较好的潜在的线虫控制方法。另外干旱季节经常按需浇水，保持根部湿润，投产果园重施钾肥，同时结合喷施叶面肥，常用的叶面肥有丰产素、生物钾、磷酸二氢钾等，可增强石榴树抗逆性。

李维蛟等（2009）采用浸渍法测定不同稀释浓度的木醋液对石榴根结线虫2龄幼虫抑制作用，研究了木醋液及其配剂对石榴根结线虫病的大田防治。结果表明不同稀释浓度的木醋液对4种常见根结线虫的2龄幼虫均有抑制作用，随着稀释倍数的增加，抑制作用减小。木醋液和木醋液配剂对石榴根结线虫病有较好的防治效果，防治效果分别达到63.9%和50.5%。木醋液稀释浓度为150倍处理72小时时，北方根结线虫、花生根结线虫、南方根结线虫、爪哇根结线虫的校正死亡率分别达到76.3%、78.4%、77.9%和72.2%，有较好的应用前景。

Thoden等（2009）研究了可在数百种植物中发现的植物次生代谢产物——吡咯双烷类生物碱，对植物寄生线虫和自由生活的线虫的影响，结果表明吡咯双烷类生物碱对不同的植物寄生和自由生活的线虫都有杀卵和杀虫效果。产生吡咯双烷类生物碱物质的植物包括猪屎豆属（*Crotalaria*）、藿香蓟（*Ageratum*）和千里光属（*Senecio*）植物，这些种类的植物在线虫防治中都有较好的应用前景。这些研究对石榴线虫病害的防治有很好的参考价值。

（4）**植物诱集**。5月中旬开始，在根系分布范围内的树盘内种植三种根结线虫诱集植物黄瓜和番茄，株行距20cm × 20cm，密度为25 株/m^2，植株开始现第一朵花时收割地上部分用作饲料或沤制绿肥，将地下部分全根系挖除销毁，消灭诱集的根结线虫，减少树盘内的线虫总量。可连续播种4 ~ 5 茬，但种植的诱集植物种类要交替轮作。

化学防控

（1）**药剂处理种植材料和苗木**。使用消毒的种植材料，包括栽培介质如土壤、泥炭、蛭石及所使用的盛放苗木的容器，对这些种植材料进行消毒处理是防止石榴线虫病害扩散的一个重要方法。如发现培育的石榴苗已有线虫感染，移栽前必须集中对石榴苗进行杀虫处理，可用16%虫线清乳油300倍液与其他杀菌剂混合喷施，也可用16%虫线清乳油200倍液淋施，待4天后移栽到大田。对于已发病的苗木，应挑出并烧毁。

（2）**土壤处理**。为防止石榴线虫病害的发生，在移栽石榴苗前有必要对大田中的土壤线虫进行调查，如果发现其中有致病性强的线虫种类如根结线虫、根腐线虫、剑属线虫且种群密度较高时，必须对土壤进行消毒处理。早在20世纪上半叶，随着三氯硝基甲烷、1,3–二氯丙烯、溴甲烷、1,2–二溴–3–氯丙烷（1,2–DBCP）、1,3–二氯丙烯和1,2–二氯丙烷的混合物（DD）、甲醛、威百亩钠和棉隆的引进，熏蒸剂就得到较快发展。由于其中很多熏蒸剂对全球气候变暖造成威胁，蒙特利尔协议（Montreal Protocol）规定从2005年开始在发达国家禁用过去一直使用的溴甲烷。20世纪下半叶，有机磷酸酯类杀线剂如克线磷、灭线磷、噻唑磷与氨基甲酸酯类杀线剂如克百威、涕天威和杀线威同步发展。现在较为环保的方法是用日晒法对带虫土壤进行消毒。现在，日晒热处理已成功应用于土壤消毒，这种方法起初用于在较热气候条件下的较浅土壤中（Gaur & Perry，1991)。日晒的具体方法很多研究者进行了描述，Widyawan的方法是：首先进行整地，清除石块、杂草等杂物，然后在盛夏对需要消毒的土地进行灌溉使土壤保持一定的湿度，用干净的聚乙烯薄膜覆盖在土壤上，把薄膜边缘进行埋压，依据当地的太阳辐射进行2～9周时间的消毒，最后去除聚乙烯即可，建议最高日照强度下进行日晒可提高处理效果。另外，可将日晒处理和杀线虫制剂结合起来提高消毒效果。McSorley等（2000）研究表明不同线虫种类对这些消毒手段的反应是不同的，只有理解和认识到存在这样的差异性，才能优化使用日晒和其他杀线剂结合对线虫进行管理的策略。Butler等（2012）研究厌氧土壤消毒与单独的日晒土壤消毒相比，作为溴甲烷的替代方法，在防治植物寄生线虫及土传病原菌方面的差异。结果表明，处理过后的土壤在植物（辣椒）第一个生长季节，植物寄生线虫种群普遍较低，而在第二个季节末期，栽种的植物为茄子，南方根结线虫的虫口密度在没有施入制糖废液、只用日晒或没有进行灌溉处理的地方平均每100cm^{2}土壤有超过200条线虫，而如果进行厌氧土壤消毒即施入制糖废液或施入制糖废液与日晒结合再灌溉5mL或10mL水，平均每100cm^{2}土壤只有10条线虫。厌氧土壤处理结合日晒已作为一个替代土壤熏蒸控制土传病原菌和植物寄生线虫的方法在佛罗里达州蔬菜生产系统中应用。也可在种植回穴前，在穴边撒施0.2～0.3kg石灰粉，每株施3%呋喃丹颗粒剂25～40g，尽可能施在石榴根系周围，保证抽出的新根不再感染根结线虫。

（3）**大田石榴病树药剂处理**。若发现嫩芽变黑干枯、叶色变黄、石榴树长势衰弱，就必须采取措施，控制其进一步发展。由于石榴根部受害吸收水分及养分的能力减弱，树干与土壤接触的地方极易萌发新根，应保护萌发的新根不再被线虫感染。方法是：轻轻翻开树干周围的土壤，见到有新根为止，尽量不要碰伤新根，在树干周围撒3%克百威颗粒剂50g左右，然后回土，培高至高出原来约3～4cm，按需适时浇水及施肥，让新根快速生长，同时在石榴树没有恢复生长之前不能留果。Darekar等（1989）研究表明，克百威在控制石榴剑线虫、根结线虫、根际螺旋线虫方面非常有效，跟对照相比，可减少55.95%的虫口密度并增加33.27%的石榴产量。生长季发现感染病树，应对发病和未表现症状的树进行灌根处理。病树用1.8%阿维菌素乳油350倍液灌根，浇施于主干周围15～20cm深的耕作层中，对石榴根结线虫有较好的防控效果。其他药剂50%辛硫磷乳油500倍、48%毒死蜱乳油500倍液灌根也有较好的防治效果。现在新型杀线虫剂41.7%氟吡菌酰胺悬浮剂（路富达）0.04 g/株处理的根结线虫60天后的减退率达83.14%。氟吡菌酰胺是新一代优秀的杀菌、杀线虫剂，它不仅低毒环保，而且高效低用量，拥有广阔的发展前景。

生物防控

（1）**生防菌及其使用**。生物防治在植物害虫和疾病管理方面被认为是生态友好的一个选择，现已知一些微生物对植物寄生线虫有拮抗作用。虽然现有的研究表明生防因子普遍只能提供较低的防治效果并且难于单独发挥作用，生防因子的成功应用有赖于和其他治理措施的综合应用。Moosavi等（2012）认为真菌生物控制植物线虫是一个激动人心及快速发展的研究领域，越来越多的研究在致力于寻找拮抗植物线虫的真菌。Moosavi等（2012）将重要线虫的寄生及拮抗真菌分成了食线虫真菌和内寄生真菌，并对它们的分类、分布、生态学、生物学和作用方式进行了阐述。食线虫真菌是指寄生、捕捉、定殖和毒害线虫的一类真菌，这类真菌是自然界中线虫种群控制的重要因子。目前全世界共报道700余种食线虫真菌，包括捕食线虫真菌380余种，线虫内寄生真菌120余种，产毒真菌270余种和大量机会真菌。针对丰富的食线虫真菌资源，近年来世界各国尤其是中国科学家对其进行了广泛研究，在捕食线虫真菌资源的分类、系统进化、生态分布、有性无性联系等方面的研究取得了重要进展，在线虫内寄生真菌侵染宿主的方式及产毒真菌的次生代谢产物挖掘等方面也进行了广泛研究。食线虫菌物包括利用收缩环捕食线虫的指状节丛孢菌（*Arthrobotrys dactyloides*）利用非收缩环和黏球捕食线虫的隔指孢（*Dactylella grove*），椭圆单顶孢（*Monacrosporium ellipsosporum*）则通过黏球或产生菌环黏性分支捕食线虫，少孢节丛孢（*Arthrobotrys oligospora*）能利用三维菌网来捕获土壤中的线虫，还包括淡紫拟青霉（*Paecilomyces lilacinus*）、普可尼亚菌（*Pochonia*）等。而细菌通过产生抗生素、酶或毒素可干扰线虫的习性、取食或繁殖，如伯克霍德菌属（*Burkholderia* spp.）、假单胞菌属（*Pseudomonas* spp.）、芽孢杆菌属（*Bacillus* spp.）和放射状土壤干菌（*Agrobacterium radiobacter*）可能会通过影响线虫孵化和移动能力或诱导植物抗性，来降低线虫对根部的侵染。寄生于线虫的巴氏杆菌属（*Pasteurella*）是目前研究最多也是最有希望的生防因子。

王贻莲等（2014）通过离体试验测定了哈茨木霉（*Trichoderma harzianmu*）菌株 T11-W 对南方根结线虫分散卵的孵化抑制作用，校正寄生率为73.46%，相对孵化抑制率为94.19%。对哈茨木霉作为新型、高效的微生物杀线剂的生产具有一定的指导意义。

目前，生产上应用的生物制剂线虫必克（厚垣轮枝菌）、壮根宝（淡紫拟青霉菌）对根结线虫也有一定的防效。

（2）**生物熏蒸**。生物熏蒸主要用于土壤处理，即利用来自十字花科或菊科的有机物释放有毒气体杀死土壤害虫、病菌。其中主要的有效成分是葡糖异硫氰酸酯，而葡糖异硫氰酸酯是十字花科或菊科植物中的一大类含硫化合物。当因害虫侵袭、收获、食品加工或咀嚼而使植物组织遭到损害时，葡糖异硫氰酸酯能与内源性黑芥子酶接触，并立即反应，形成各种各样的分解产物，包括腈、硫氰酸酯和不同结构的异硫氰酸酯等水解产物，其中的异硫氰酸甲酯对有害生物有非常好的生物活性。另外含氮量高的有机物能产生氨杀死根结线虫。因此，利用生物熏蒸，可以杀死土壤中的有害病原菌、害虫、线虫和杂草等。

生物熏蒸的应用方法比较简单，在夏季，将土地深耕，使土壤疏松，再把用作熏蒸的植物残渣切碎，或是新鲜的家禽粪便牛粪、羊粪，加入稻秆、麦秆等，也可用海产品与土壤充分混合后，按一定比例洒在土壤表面之后浇足量的水，然后覆盖透明塑料薄膜。日照时间长短、环境温度、湿度都会影响生物熏蒸的效果。石榴寄生线虫病的防治也可参考此种方法。

综合防控

采用单一的防治措施很难达到治理石榴线虫的目的。Collange等（2011）研究了几个可供选择的技术措施包括卫生系统、土壤管理、有机修复、施肥、生物控制和热处理对蔬菜根结线虫进行治理，分析了每个措施的影响和各种技术措施之间的相互作用，发现了研究结果存在很大的差异。在线虫控制方面，许多实践措施只在某些部分有效果。因此，在一个系统中如何对线虫进行综合治理极具挑战性。成功的治理措施应该是与时俱进的，是对种植系统、有害生物种群控制灵活和适应性较强的措施，所以我们应该从多个角度来考虑，选择恰当的方法，合理整合各个措施，以达到综合治理石榴线虫病的目的。

石榴盘单毛孢叶枯病

又称石榴早期落叶病，各石榴产区均有危害，危害严重的石榴园，造成石榴早期落叶，严重影响当年和翌年产量和品质。

症 状

主要危害叶片，病斑圆形至近圆形，褐色至茶褐色，直径8～10mm，后期病斑上生出黑色小粒点，即病原菌的分生孢子盘。

病 原

Monochaetia pachyspora Bubak.，称厚盘单毛孢，属半知菌类。分生孢子盘直径92～307μm。分生孢子纺锤形，两端细胞无色，中间细胞黄褐色，大小为20～30μm×5～8μm，顶生1～2根附属丝。

发生规律

病菌以分生孢子盘或菌丝体在病组织中越冬，翌年产生分生孢子，借风雨传播，进行初侵染和多次再侵染。夏秋季多雨或石榴园湿气滞留易发病。

防控措施

农业防控

加强田间管理。加强肥水管理，调节地温促根壮树，培肥地力，疏松土壤，抑制杂草，免于耕作。提倡采用覆草栽培法和密植单干式方法，667m^2栽110株，一棵树只留一主干，这样通风透光好，树冠紧凑易控，树势稳定、健壮，可大力推广。

化学防控

发病初期喷洒1∶1∶200波尔多液、50%异菌脲可湿性粉剂1000～1500倍、80%代森锰锌可湿性粉剂700～1000倍、30%碱式硫酸铜悬浮剂400～600倍、20%噻菌铜或20%噻森铜悬浮剂600～1000倍，隔10～15天1次，防治2～3次。发病盛期喷25%吡唑醚菌酯乳油3000～4000倍、60%吡唑醚菌酯·代森联水分散粒剂1500～2000倍、25%戊唑醇水乳剂1500～2000倍。

第三章

石榴主要生理性病害

SHILIU ZHUYAO SHENGLIXING BINGHAI

石榴生理性病害是由非生物因子（如营养、水分、温度、光照、有毒物质等）引起的病害，这些病害不能相互传染，故又称为非传染性病害。石榴生理性病害主要包括缺氮症、缺磷症、缺钾症、缺镁症、缺锰症、缺铜症、缺硼症等缺素症及日灼、裂果、药害、肥害、冷害等。在这些生理性病害中，发生较为严重的主要有日灼、裂果、果实冷害、缺铁症、缺磷症等。认识和防治石榴生理性病害，对提高石榴经济效益、增加果农收入具有重要意义。

石榴裂果

裂果是我国石榴种植区普遍发生的突出问题之一，从石榴幼果期至成熟期均会发生裂果。一般年份，裂果率20%左右，严重年份达到50%～70%。石榴发生裂果后，籽粒外露为鸟类和动物取食提供了方便。裂果形成的伤口有也利于病菌侵染而发病烂果，使石榴的商品价值降低，给果农造成严重的经济损失。一定程度上制约了石榴产业的发展。

症 状

幼果至成熟前，尤其在石榴果实生长后期及近成熟期，由于雨水不匀、缺素、日灼、病虫疤等原因使果实与表皮膨胀速度不均衡而使果皮开裂产生裂果现象。轻者果皮龟裂不露籽粒，但果实外观严重受损，易感染病害；重者自萼筒下果皮裂开籽粒外露，甚至炸成3～5瓣悬挂枝头。果皮裂开后不耐贮存，影响销售，经济损失尤为严重。

干腐病病疤引起的裂果

干腐病病疤引起的裂果

①

②

①裂果后引起的病菌侵染
②果腐病病疤引起的裂果

发生原因

石榴的果实由果皮、胎座隔膜、种子3部分组成。外果皮质地致密，中果皮组织疏松，内果皮与心室连生。在石榴果实发育前期，外果皮延展性较好，不易发生裂果。但随着果实临近成熟期，由于经过夏季长时间的伏旱、高温、干燥和日光直射，外部果皮组织受到一定程度的损坏，逐渐老化失去弹性，尤其是果皮单宁含量增加，质地变脆，分生能力变弱，延展性降低，而中果皮仍然保持较强的生长能力，种子的生长始终处于旺盛期，籽粒迅速膨大的张力导致了果皮内外生长速度不一致，致使果皮开裂，形成裂果。另外，外部环境中水分的变化也能引起裂果现象发生，持久干旱又缺乏灌溉，可使种子的生长速度明显高于老化且基本停止生长的外部果皮，最终将使外部果皮承受能力达到极限而产生裂果。

影响石榴裂果的因素有：

（1）**品种特性**。不同栽培条件下的石榴品种均有裂果现象，但品种不同，有明显的差异。石榴多数品种以果实中部横向开裂为主，并伴以纵向开裂，严重的可横、纵、斜向混合开裂，少数品种纵向或斜向开裂。一般大中型果比小型果易裂，果皮厚、成熟期晚的品种裂果轻，如‘铁皮’‘大果青皮酸’等。成熟期早、果形扁圆、果皮薄、果皮易衰老的品种易裂果。如‘一串铃’‘净皮甜薄皮’‘落花甜’等。

（2）**着生位置**。同一品种，着生部位不同，其裂果发生的程度也存在差异。树冠的外围较内膛、朝阳面较背阴面裂果重。

（3）**发育程度**。裂果在石榴果实整个发育期都有发生，其中以采收前10～15天最为严重，直至采收。早熟品种裂果期提前，8月上旬即出现较为严重裂果现象。坐果期晚裂果现象较轻，成熟果实裂果重。

（4）**土壤性质**。一般耕作层浅、活土层薄、土质黏度大、排水性能差的土壤，石榴树生长慢、产量低，裂果重；耕作层深、活土层厚、透气性好的土壤，石榴树长势好、产量高，裂果轻。

（5）**水分不均**。水分包括土壤水分和空气湿度两个方面，水分相对稳定的条件下，果实膨大的速度相对稳定，裂果较轻；若水分变幅大，裂果重。长期干旱，突然降雨或大水漫灌，使土壤水分急剧上升，果实过度吸水，果内膨压增加，易诱发裂果。因此，久旱遇雨是石榴裂果的主要原因，对石榴裂果影响极大。

（6）**日灼危害**。果实生长前期持续干旱、气候干燥，温度高、湿度低，烈日高照、日照时间长，果皮易灼伤，使韧性降低，加上昼夜温差大，果皮承受不了内部增长膨力，导致裂果。因此，裂口往往发生在果实向阳面。

（7）**施肥不当**。在幼果期，特别是进入快速增长至膨胀期，如果供水、施肥，特别施化肥过量、过频，水、肥突增，造成水分、养分失衡或过剩，一段时间内果实吸收过量过快，内部长速大于果皮长速时，导致幼果膨胀期裂果。

（8）**病虫为害**。病虫为害致果皮受损伤形成干疤，果皮失去完整性和韧性，抗内膨胀力减弱，果皮易胀裂。

（9）**采收时期**。采收是石榴园生产的最后一个环节，同时又是果品贮藏和销售的开始。采收过早会降低果品品质，采收过晚不利于树体养分积累，并增加裂果机会。一般早晨温度较低时或雨后采收、成熟过度采收、采收运输时碰撞造成机械损伤，均易造成裂果。

发生规律

幼果期前如果天气干旱少雨，而采果前雨水愈多裂果愈重，成熟早、果皮薄的品种较成熟晚、果皮厚的品种裂果严重。同棵树上，开花结果早、充分成熟的头花、二花果实，较结果迟的三花、四花果裂果严重。

防控措施

（1）**选择合适的栽培品种建园**。在春夏季干燥、秋季多雨的地区，应选择和推广抗裂果品种，是减少裂果的根本途径。一般成熟晚、果皮厚、果皮粗糙有锈色的品种不易裂果，可选择作为生产上的主栽品种。建园时，应根据品种综合性状统筹考虑，选择合适的品种建园。

（2）**科学选择园地**。从园地类型上看，水浇地石榴园裂果轻，旱岭地裂果重，如有条件应尽可能选择水浇地建园。石榴树对土壤要求不严，但以土层深厚、富含营养、透气性好的壤土、砂壤土和红壤土上生长较好，且裂果也轻。土层浅、土质黏度大、排水性能差的土壤要进行土壤改良。同时应注意增施有机肥，改善土壤性状。

（3）**保持土壤水分均衡**。水分及时、适量平稳供应是防止石榴裂果保证石榴优

科学建园

质、高产的重要措施。生产上应本着少量、均衡、多次和适当控制的原则进行灌溉。幼果快速增长或膨胀期，果实生长需要足够量的水分，但此期间不宜过量灌水，以少量、多次，间隔10～15天灌水1次为宜。临近雨季，为逐步缓解与雨季连续降雨高湿形成的反差，应增加灌水次数，少量、多次，间隔7～10天树冠喷水1次，以增加果园空气湿度，湿润果皮，增强果实对连续降雨、高湿环境的适应性，防止裂果发生。采收前应禁止灌大水或不灌溉，若遇连阴雨，应及时排水，防止土壤水分过高而裂果。有条件的地区可采取避雨栽培的措施控制水分均衡从而避免裂果发生。

（4）**科学施肥**。果园施肥应以有机肥为主，化肥为辅。在花芽萌发期施用优质农家肥，如牛粪、羊粪、鸡粪、猪粪、饼肥及各种绿肥，使之发挥持续均衡的肥效。在幼果期至果实膨胀期施化肥，特别是氮肥，施肥时控制氮肥用量。在果实发育后期，不可追施氮肥。

（5）**果园地面种植覆盖物**。在果园内种绿肥或间作套种矮秆经济作物，保持果园内地面覆盖，减少果园水分蒸发，增加土壤有机质含量，使果园保持均衡持续的水、肥供应，有利于降低或减少裂果的发生。

（6）**加强病虫害防治**。控制主要病虫害的发生，特别是对果皮有侵染性和创伤性的病虫害，如褐斑病、干腐病、桃蛀螟等，可以增强果皮完整度和抗张力性，提高果实品质和防止裂果。

（7）**果实套袋**。套袋是防止裂果最有效的方法之一。套袋可减轻日晒、雨淋和骤寒、骤热的气温变化及病虫对果皮的伤害，防止裂果。套袋一般在幼果期进行，套袋前要全树细致喷1次杀虫杀菌剂防治病虫害。

（8）**合理修剪与化学防治**。合理修剪，保证通风透光，可以促进果实着色，提高品质和防止裂果；冬剪时要疏掉或回缩一部分大的交叉枝、重叠枝和外围密生结果枝，调整好各级骨干枝的从属关系。夏季修剪主要是抹芽、摘心和剪枝等，对无用的枝芽要及早抹除，及时疏除无用的徒长枝。植物生长调节剂可减轻石榴裂果，在果实膨大期及着色期各喷1次25mg/L的萘乙酸，在果实发育的中、后期用3.4%赤·吲乙·芸可湿性粉剂7500倍喷洒果面，均可减轻裂果。

（9）**果面补钙**。钙可以促进细胞壁的发育，提高石榴果皮的耐压力和延伸性，增强抗裂能力，同时还可以提高果实的耐储性。从8月上旬开始，在果实上喷洒1000倍果蔬钙（主要成分糖醇螯合钙≥99%，Ca≥146g/L）或2%的氨基酸钙水溶液，一般7～10天喷1次，连喷3次，可减轻裂果。

（10）**适时分批采收**。石榴具有多次开花、多次坐果的特性。因此，采收应分期、分批进行，这样既可保证果实的品质，又可减少裂果的发生。如果成熟期久旱遇雨，雨后果实表面水分消失后要及时采收，以减轻果皮的老化，防止裂果发生。

石榴日灼病

也叫日烧病，是石榴最重要的生理病害之一。石榴日灼病发生相当普遍，而且随着挂果园的增加，为害加重。在管理粗放的果园，发病率可达50%左右，大大降低果园经济效益，严重影响了果农的生产积极性。

症 状

石榴果实发生日灼后，果皮初期失去光泽，并有浅褐色的油渍状斑点出现，进而

果实日灼症状

①

②

①套袋果实日灼症状
②套袋果实去袋后日灼症状

变成褐色、赤褐色至黑褐色大块病斑，病健组织分界不明显。日灼病发展到后期，病部出现轻微凹陷，脱水后病部变硬，病斑中部出现米粒大小的灰色瘤状泡皮，俗称“疤脸”。剥开灼伤病果观察，内果皮变褐、坏死，籽粒外层灼死，汁少味劣。最后使果实部分或整体腐烂坏掉。石榴果实发生日灼后，容易被病原菌感染而诱发其他病害。

向阳面果实日灼症状

日灼病影响果实外观，使籽粒含糖量降低，失去商品价值。正常的石榴果籽粒含糖量为16%，发病果病斑下的籽粒含糖量为 11.95% 。

发生原因

主要是夏季强光直接照射果面，导致局部蒸腾作用加快，温度升高至40℃以上或持续时间长，导致果实组织灼伤，多发生在7～8月，天气晴朗无云、无风、空气和土壤湿度小的13：00～15：00因太阳辐射强度大而易发生日灼。

发生规律

发病时间为6月下旬至8月中旬，严重发病的时间是7月中下旬。石榴从150g重时到收获前均能发病，特别是在果重250～400g期间发病最多。主要由于果实表面积增大、受光面积增大，尤其是遇到伏旱时间长的年份发病十分严重，病果率高达

50%。石榴品种间对日灼病的反应不敏感，疏于管理、果实向阳、果实越大、日照越强情况下，发生日灼病的几率越大。

影响石榴日灼发生的因素：

（1）**气象因素**。石榴果实灼伤，一般发生在6～8月份，以7月份发生率较高。在一天中发生灼伤的时间多在13：00～15：00。一般无风、无云、干旱或高温高湿、强光照条件日灼发生较重。

（2）**栽培因素**。不同的立地条件、土壤质地、肥力水平、树体形状、修剪程度等因素与日灼的发生有一定的关系。湿润背阴的丘陵坡地不易发生，而干旱向阳的丘陵坡地易发生。肥力差的果园易发生。纺锤形和分层形的树形不易发生，开心形的易发生。修剪量大、重的日灼重。

（3）**生物学因素**。石榴果实日灼病的发生与果实着生的部位、着生姿势、果枝长短、主枝角度、树势等因素有关。树冠南部和西南方向日灼发生率较高，而其他方位较低。朝天果日灼发生率偏高。

防控措施

农业防控

（1）**选用抗日灼品种**。表皮组织紧密粗糙的石榴品种抗病性强，而表皮质地细嫩的品种抗性差。生产上应选择适应当地条件的抗性品种进行栽培。

（2）**加强田间管理**。结合果树修剪及疏花疏果时，有意识地减少向阳的果实数量，增加果实附近枝叶量，遮盖果树，防止烈日暴晒，特别是在处理树冠南部和西南方向的果实和枝条时应注意。加强灌水和土壤耕作，促进根系活动，保证石榴对水分的需要。在果实膨大时，如遇干旱日照强的伏旱天气，可对果园进行一定时间的喷灌，能有效防止日灼病的发生。合理选定果，应多留下垂果、叶下果。

物理防控

（1）**果实套袋**。幼果期石榴果实套袋，采摘前15～20天的傍晚先撕开袋，2～3天后去袋。

（2）**覆盖遮阴网**。有条件的地区可以对整个果园用遮阴网进行遮阴处理。

化学防控

结合防病，树体喷白。利用白色反光、降温的原理，结合防治石榴干腐病和早期落叶病，在6～8月喷1：1：160倍的波尔多液2～3次，对于预防日灼病有一定的作用。密切关注天气变化，在有可能发生日灼的极端炎热天气，于午前喷洒0.2%～0.3%磷酸二氢钾溶液或1000倍天达2116液，可起到一定的预防作用。

石榴药害

果农在使用农药防治石榴病虫草害时，由于多种因素有时会产生药害，使植物生长不正常或出现生理障碍。轻者叶、花、果出现斑点或焦枯、畸形，重者落叶、落花、落果，甚至枯枝死树。对树体的伤害很大，影响当年和来年的产量和品质。

症 状

根据药害发生的快慢和症状明显程度，一般为急性药害、慢性药害和残留药害3种。

（1）**急性药害**。指在施药后很快（几小时或几天内）就出现药害症状。其特点是发生快、症状明显，肉眼可见。一般表现为叶片上出现斑点焦灼，穿孔或失绿、黄化、畸形、变厚、卷叶甚至枯萎、脱落等症状；果实上出现斑点、畸形、变小、落果等症状；花上表现枯焦、落花、变色、腐烂、落蕾等症状；植株生长迟缓、矮化甚至全株枯死。

（2）**慢性药害**。指在用药后并不很快出现症状的药害。其特点是发生缓慢，有时症状不明显，短时间内不易判断。多在长时间内表现生长缓慢、发育不良、开花结果延迟、落果增多、产量降低、品质变劣等。

（3）**残留药害**。果树喷药时，有一半以上的农药落在地面上，撒毒土或土施时药剂基本上都留在土壤里。这些农药有的分解较慢，在土壤中积累到一定程度，就

杀虫剂药害症状

①叶部药害
②除草剂造成小叶病

会影响果树生长。其症状与慢性药害类似。

根据药害发生部位不同。又可分为芽部、叶部、果实和枝干药害等4种。

（1）**芽部药害**。表现为发芽推迟，严重时部分芽变黑枯死。

（2）**叶部药害**。叶面呈圆形或不规则红色药斑，叶尖、叶边缘变褐并干枯，重者全叶焦枯。

（3）**果实药害**。幼果果面初呈红褐色小斑点，随果实膨大呈圆形斑，有的在施药几天后幼果大量脱落，重者全树落光。果实膨大期受害，果面呈现铁锈色或形成花脸果。果实变小、品质变劣、食用性变差。严重影响果品经济性状。

（4）**枝干受害**。枝干受害后，从地面沿树干向上树体韧皮部变褐。严重的延伸到2～3年生枝，全树叶片变黄脱落或干焦在树上；受害轻的果树部分果枝枯死，严重的全株枯死。

发生原因

（1）**药剂因素**。药剂的理化性质与石榴树的关系很大。一般情况下，水溶性强、分子小的无机药剂最易产生药害，如铜、硫制剂。水溶性弱的药剂相对比较安全，微生物药剂对果树安全。农药的不同剂型引起药害的程度也不同，油剂比较容易产生药害，可湿性粉剂次之，颗粒剂则相对安全。施用假冒农药容易产生药害，购买农药时要注意辨别真假伪劣。

（2）**石榴树对药剂的敏感性**。石榴各个品种对多种药剂的敏感性不同。在使用某些敏感性药剂时，由于使用的浓度和时间不合适而容易发生药害。由于石榴根系较浅，一般不应在石榴园里施用除草剂，否则极容易发生除草剂药害。

（3）**药剂的施用方法**。用药浓度过高、药剂溶化不好、混用不合理、喷药时期不当或间隔时间过短等，均易发生药害。由于病虫害产生抗药性，致使用药浓度越来越高，或误配浓度过高，也会导致药害。或浓度正确而操作中重复施用或连续单一使用同一种农药。喷药雾滴过大，喷粉不均匀时也会造成局部药害。有些农药不能混用，混用后不但药效丧失，有的还会产生药害。药剂混配后浓度叠加更易发生药害，应适当降低浓度。

（4）**环境因素**。环境条件中以温度、湿度、光照、风力影响最大。高温强光易发生药害，因为高温可以加强药剂的化学活性和代谢作用，有利于药液侵入植物组织而易引起药害。

预防措施

购买农药时或使用前应仔细检查农药的物理性状等。乳油要求药液澄清透明，无沉淀和絮状物，入水后无浮油；粉剂要求颗粒细腻均匀，无吸湿结块，入水后自由分散。

施药时要了解石榴品种的特性和药剂的性能，选择适合的用药环境和正确的施用方法。使用农药时，严格遵守《农药安全使用标准》，按照操作规程使用，要本着以预防为主的原则，切实注意以下几点。

（1）**小区域试验法**。各种药剂尽管都有使用说明，但不尽详细，在不确定时，应先作小面积区域试验。一般4～7天后无药害即可大面积使用。

（2）**合理科学用药**。应根据石榴对农药的敏感性及防治对象耐药性，综合农药性质选择合适农药和合理的施药时期；严把使用浓度和用药时期关。尤其是混合农药，严格注意各药的有效成分含量，准确用量，严格按规定混配。不重复施用或连续单一使用同一种农药。混用农药时应密切注意彼此之间的互相作用，如乳油和某些水制剂农药混合后易造成药害，菊酯类农药不能与碱性农药混用，部分农药不能与铜制剂混合等。但若不注意彼此之间的互相作用，也可能导致农药失效或造成严重药害。

（3）**注意用药环境**。有些药剂如石硫合剂，温度越高，药效越好，但药害发生的可能性就越大。湿度过大时，施用一些药剂也易产生药害。如喷施波尔多液后，药液未干即遇降雨，或叶片上露水未干时喷药，会使叶面上可溶性铜的含量骤然增加，易引起叶片灼伤。在有风的天气喷洒除草剂，易发生“飘移药害”。

补救措施

由于使用农药不当而发生药害，应根据产生药害的具体原因和受害的程度，积极采取补救措施，尽量减轻药害的程度。

（1）**及时灌水喷水**。发现药害时，应立即喷水冲洗受害植株，以稀释和洗掉黏附于叶面和枝干上的农药，降低树体内的农药含量。若是土施药剂引起药害，可采用果园灌溉排水法，稀释土壤中的农药，可灌溉1～2次跑马水，稀释淋溶土壤中的残留农药。

（2）**喷药中和**。药害造成叶片白化时，可用50%腐植酸钠3000倍液进行叶面喷雾；波尔多液中的铜离子药害，可喷0.5%～1%的石灰水溶液缓解药害；石硫合剂药害，在水洗的基础上，喷洒400～500倍的米醋溶液，可减轻药害；有机磷、菊酯类等酸性农药药害，可喷洒0.5%～1%的石灰水、0.1%洗衣粉液、肥皂水等。除草剂药害，可通过使用植物解毒剂或撒施石灰、草木灰、活性炭等方法来防止或减轻药害。

（3）**及时追肥**。果树遭受药害后，生长受阻，长势衰弱，必须及时追肥以促使受害果树尽快恢复长势。对酸性农药药害，可撒施一些草木灰。对碱性农药药害，可追施硫酸铵等酸性化肥。无论何种药害，叶面喷施0.3%的尿素溶液加0.2%磷酸二氢钾混合液，或1000倍液植物动力2003，或1000倍天达2116，每隔15天左右喷1次，连喷2～3次，均可减轻药害。

（4）**注射清水**。在防治天牛、茎窗蛾、木蠹蛾等蛀干害虫时，因用药浓度过高而引起的药害，要立即自树干上虫孔处向树体注入大量清水，并使其向外流水，以稀释农药，如为酸性农药药害，在所注水液中加入适量的生石灰或洗洁精，可加速农药的分解。

（5）**中耕松土**。石榴树受害后，要及时对园地进行中耕松土（深度10～15cm），并对根干进行人工培土，适当增施磷、钾肥，以改善土壤的通透性，促使根系发育，增强果树自身的恢复能力。

（6）**适量修剪**。石榴树受到药害后，要及时适量地进行修剪，剪除枯枝，摘除枯叶，防止枯死部分蔓延或受病菌侵染而引起病害。

（7）**逆向补救法**。二甲四氯、甲草胺、乙烯利、草甘膦等除草剂造成的延缓生长或小叶病药害可喷施15mg/L赤霉素缓解。

石榴肥害

因过量施肥，增加了土壤溶液的浓度，使果树根系吸收水分及无机盐发生困难，造成地上部分萎蔫或枯死；叶面施肥时，因肥料种类或浓度选择不当，导致肥害发生。

症 状

受害树体的根部须根和小根变成红褐色后死亡，较粗大根的皮层变褐、木质部呈黑色。花和幼叶干缩萎蔫，影响展叶和开花。甚至有些树的皮层还有一条从受害大根基部沿树干向上连续变褐、干枯下陷的条带，其皮下木质部变黑，遇大枝后沿该枝向前延伸，危害大枝，严重时整枝或整树死亡。根外追肥时，肥液浓度过高，致使叶片焦灼、干枯，有的甚至污染果面。

硫酸亚铁肥害症状

过量氮肥造成的肥害症状

发生原因

肥害发生原因主要有两方面：一是由于外部施用肥料的浓度过高，在缺水情况下，因大量施用化肥而使土壤溶液的渗透压高于作物细胞质的渗透压，则细胞不但不能从土壤溶液中吸水，反而会将细胞质中的水分倒流入土壤溶液，使石榴树细胞失水，从而表现出肥害症状；二是由于某一种肥料的施用，抑制作物对另外一种肥料的吸收利用，植物由于缺乏另外一种肥料而表现出相应症状。

常见的肥害有以下几种原因：一是在深沟施肥时，由于无机肥料的肥块过大，或施用过于集中，造成树根烧灼，这种情况在缺水的果园中深15～25cm的浅土层中出现较多。二是叶面施肥时，由于对肥料品种选择不当、肥液浓度过高、施用时间、方法等掌握不当，而使叶片发生肥害。三是过量地或集中施用硫铵、碳铵和氨水等化肥后，易烧灼根系。四是施用有机肥时，没有充分腐熟而在地下遇到合适温湿度时进行发酵发热而伤害石榴根系造成肥害。五是长期施肥品种不当，加深了土壤的酸化或碱化，因土壤溶液酸、碱性过高而伤害根系。六是土壤有机质少，土壤黏而过于板结，施入的化肥不易很快散开，肥料局部浓度过高而伤根。

预防措施

（1）**选用合格肥料**。选用正规厂家生产的合格肥料，避免使用假冒伪劣化肥。新型肥料先做好小面积试验后再大面积施用。

（2）**选择合理的施肥方法**。深沟施肥时要采取均匀施肥，粪土拌匀，均匀撒施，随水施入的办法。另外要根据各种肥料在土壤中的移动性不同，选择合适的追肥深度。一般氮肥在土壤中的移动性强，要浅施；钾肥、磷肥移动性差，宜深施；对于迟效性或发挥肥效缓慢的复合肥，要早施深施。

（3）**根外追肥时要选择适宜的喷施时间和浓度**。不同时期选用不同肥料种类，一般前期以氮肥为主，中期以氮磷钾均衡喷施为主，后期以磷钾肥为主。喷施时要注意采用合理的浓度和合适的时间。尿素0.3%～0.5%，磷酸二氢钾0.3%，微肥0.1%～0.2%。要避免在高温条件下施用，最好选择晴天或无风的阴天10：00前或16：00后进行。

（4）**要掌握好各种肥料的施用量，勿施用过量**。根据“以树定量，看势下肥，树龄有别”的原则来确定。

（5）**合理施用有机肥**。施用有机肥料，要充分腐熟后再与土混匀后施入。

（6）**因地施肥**。对因土壤过于板结可能引起的肥害，要通过深翻地、增施有机肥、秸秆还田等方法预防。

补救措施

（1）**换土法**。将施肥沟内的肥土挖出来分散到其他地方，沟内换入行间表土。

（2）**灌水稀释法**。在施肥沟处挖一个浅沟，灌入一定量的水，使肥料随水移动分散而降低土壤中肥料的浓度。

（3）**对严重伤根的加强管理**。对已经严重伤根的石榴树，要清除植株周围上层土壤，切断已经烂死的粗根，用30%噁霉灵600倍液加25%戊唑醇500倍液及适量生根粉灌根，并进行短期晒根，促进新根生长，再覆新土。同时对上部枯枝进行修剪。

（4）**喷水或营养液**。叶面发生肥害，应立即给叶面喷水或天达2116营养液600倍液。

缺氮症

缺氮症在各石榴产区普遍发生。土壤肥力地下、有机质和氮素含量低，易造成缺氮症。缺氮石榴树表现为树势弱、果实小、品质差、产量低，严重影响榴农的收入。

症　状

缺氮时先从枝条基部叶片开始，叶片变淡绿，后变黄，并逐渐向枝梢的叶片发展，严重时叶上或叶缘出现红棕色或棕褐色斑点或坏死斑。果实出现果小、果少、皮硬现象。新梢长势弱，细短而脆硬。

发生原因

氮是细胞的主要成分，是构成植物体和代谢过程不可或缺的元素。氮是合成氨基酸和蛋白质的重要成分。所有的酶都以蛋白质为主体，参与各种重要的代谢过程。在叶绿素、辅酶、激素、磷脂、核酸中都含有氮。所以光合作用等代谢都离不开氮素。缺氮时，生长势减退，根系分枝少，须根少，吸收能力差，叶绿素合成减少，类胡萝卜素显现，叶色变淡黄。

土壤中氮素缺乏是缺氮症的主要原因。有时干旱导致叶片气孔关闭而影响光合作用，将会因碳水化合物不足造成铵态氮累积，从而抑制和停止硝态氮的转化，造成不能利用氮素而产生缺氮症状。

近几年来推广的果树覆草技术，覆盖的杂草或作物秸秆碳氮比较高，在30～80：1，由于碳多氮少，微生物繁殖分解时要从土壤中吸收大量氮素，若不及时补充速效氮肥果园容易产生缺氮现象。

石榴树缺氮症状

防控措施

深秋或冬季施足基肥。生长季追施氮肥。追肥时尿素每次施肥量，幼树0.1～0.2kg/株，盛果期树0.3～0.6kg/株。生长季节叶面喷0.2%～0.3%尿素。果树覆草时按每50kg果追施0.15kg氮肥的比例计算。

缺磷症

磷是石榴生长过程中不可缺少的大量元素之一。缺磷症在石榴产区普遍发生。磷在酸性土壤中易被铁、铝的氧化物固定，在碱性或石灰性土壤中又易被碳酸钙固定，所以酸性强的新垦红黄壤或石灰性土壤均易出现缺磷现象，土壤熟化程度低的以及有机质含量低的贫瘠土壤也易缺磷。缺磷导致植株树势衰弱、产量降低、品质下降。

症 状

新梢中部叶片边缘和脉间褪绿、起皱、卷曲，随后叶片呈淡红或紫红色，叶缘焦枯、坏死，容易早期脱落。小枝纤细，花芽少。果实少而小。

①

②

①轻度缺磷症状
②中度缺磷症状

重度缺磷症状

发生原因

磷与蛋白质代谢、碳水化合物代谢及脂肪代谢都有直接的关系。

磷能促进细胞分裂、开花结果、果实发育和种子形成，能提高果实品质，促进花芽分化。也能促进枝条健壮和细根发育。

根、茎生长点中含磷量较多。缺磷时，营养器官中糖分积累，有利于花青素形成。缺磷导致硝态氮积累，使蛋白质合成受阻。

土壤中缺磷或不能被吸收是造成缺磷症的主要原因。

防控措施

对缺磷果树，应多施颗粒磷肥或与堆肥、厩肥混施。过磷酸钙每次施肥量：幼树0.1～0.4kg/株，盛果期的树0.3～0.6kg/株。生长季叶片喷施0.5%～0.6%过磷酸钙，或0.3%磷酸二氢钾，或0.3%磷酸铵。

缺钾症

钾也是石榴生长不可或缺的大量元素之一。各石榴产区均有发生。缺钾导致树体抗旱、抗逆能力下降，树势衰弱，果品品质下降。

症 状

叶片边缘枯焦，从新梢的下部逐渐扩展到上部，中夏至夏末在老树的叶片上先发现枯焦。有时叶片呈青（铜）绿色，进而叶缘与主脉呈平行卷曲，随后呈灼伤状或死亡。果小，着色不良，易裂果。

发生原因

钾在光合作用中占重要地位，碳水化合物的运转和贮存过程中钾不可或缺。钾可防治细胞失水，提高抗旱、抗寒、抗病能力。可促进气孔开张，促进果实膨大。

缺钾时，代谢紊乱，蛋白质解体，氨基酸含量增加，碳水化合物代谢受干扰，糖的合成运输减缓，光合作用受到抑制。

钾可以从老叶不断地向新叶等活跃部位转运。

防控措施

生长季节喷施0.2%～0.3%磷酸二氢钾，或0.3%氯化钾，或土壤追施硫酸钾，或在秋季施基肥时掺混其他钾肥。

石榴缺钾叶片症状

缺铁症

缺铁症，又名黄叶病，各石榴产区普遍发生，是危害较为严重的生理性病害。铁是石榴生长过程中必需的微量元素之一。缺铁常导致石榴树势衰弱、产量降低、品质下降，严重的甚至导致树体死亡。

症 状

引起黄叶病，初发病时，新梢顶端叶片变黄，叶脉两侧及下部老叶仍为绿色。发展严重时，整树新梢嫩叶失绿，全叶变黄白色，且出现茶色坏死斑，上部小叶早落、光秃，数年后树势衰弱，树冠稀疏，甚至整树死亡。

发生原因

铁为叶绿素合成中某些酶或酶的辅基的活化剂，严重影响着叶绿素的合成和功能。缺铁叶片中叶绿素含量降低。

铁在植物体中流动性小，故缺铁症表现在上部叶片上。

碱性土壤果园发生较为普遍，主要由于在碱性土壤中可溶性铁被固定，根系不能吸收，导致植株缺铁现象。

防控措施

（1）**叶面喷施处理**。出现黄叶病时，喷施0.1%～0.3%硫酸亚铁、0.1%～0.2%的柠檬酸铁或螯合铁肥等溶液。

（2）**利用硫酸亚铁**。施基肥时掺入硫酸亚铁，用量每株100～150g。

叶片缺铁症状

缺锌症

目前，各地石榴园普遍缺锌，发生或轻或重。作为石榴生长不可或缺的微量元素之一，缺锌会造成春季发芽晚、叶片变细小、老病树根系腐烂等现象，导致石榴树势衰弱、树冠不扩展、产量下降甚至个别树绝产。

症 状

缺锌造成石榴树春季发芽较晚。新梢顶端叶片狭窄，枝条纤细，节间短，叶细小丛生，呈莲座状，质地厚而脆，有时叶脉呈白或灰白色。严重时，新梢由上而下枯死，有时叶片脱落早形成顶枯。花芽分化减少，不易生果，果小，初病幼树根系发育不良，老病树根系有腐烂现象，树冠稀疏，不能扩展，产量很低。

发生原因

锌关系到氮的代谢和叶绿素的合成与稳定。缺锌色氨酸减少，使合成生长素吲

缺锌症状

植株缺锌症状

哚乙酸减少而影响枝叶生长，造成小叶病和簇叶现象。缺锌还影响叶绿素形成，造成叶片黄化。

强酸性土壤、有机质土、冷湿气候、土壤富含磷等条件加剧缺锌。

防控措施

（1）**土壤施硫酸锌**。每年秋冬季，结合果园施基肥时，每株大树均匀掺入硫酸锌0.1～0.2kg。

（2）**喷施处理**。在春季石榴萌芽前，选用0.2%～0.3%硫酸锌溶液，一般喷施2～3次，每次间隔7～10天。花前2～3周喷施硫酸锌溶液1～2次。硫酸锌溶液的配制比例为硫酸锌1kg、生石灰0.7kg、水200kg，此法不但可以减少小果的产生，而且也可提高坐果率。生长季节防治病害，推荐使用70%丙森锌可湿性粉剂700～1000倍液或锌铜波尔多液，且将主干及根颈部喷湿，兼具补锌作用，可显著减少缺锌症发生。

缺硼症

硼是石榴生长过程中不可或缺的重要微量元素。缺硼症是发生较为普遍的缺素症之一。缺硼常导致石榴树生长缓慢、果品产量和品质下降，使得果农收入减少。

症 状

石榴树严重缺硼时的症状是芽萌发迟，春梢顶端枯死，叶片黄化、变小成老鼠耳朵状，叶片变硬。冬季休眠期新梢回枯。

发生原因

硼在树体内不是组成细胞的成分，而是以硼酸盐的形式存在。硼影响碳水化合物的运输，参与分生组织的分化过程，从而影响根系、叶片和果实的分化和形成。

土壤中水溶性硼素含量不足，或由于干燥等原因硼素的吸收受阻而造成缺硼症状。

砂土、土壤富含氮或钙、干旱或冷湿气候等条件利于石榴缺硼症的发生。

防控措施

（1）**喷施硼肥**。可于始花期前后喷0.2%硼砂或0.1%硼酸2～3次。

（2）**土壤施用硼肥**。结合施基肥每株施硼砂20g。微肥根施时一般要与春肥或秋肥结合进行，并注意用量不能过多，以免引起肥害。

石榴冷害

冷害是指0℃以上的不适宜低温对石榴组织造成的伤害。低温是石榴贮藏最有效方法之一，适宜低温可显著降低果实组织衰老速率，抑制微生物的生长，延长贮藏周期。然而，石榴为低温敏感性果实，贮藏期间遇到不适宜低温时容易发生冷害，导致果实细胞代谢出现紊乱，采后损失增加。据不完全统计，我国每年因低温冷害导致的石榴损失率大约占总贮藏量的20%～30%。

症 状

果实发生冷害后，外部主要表现为表面凹陷、表皮褐变以及表皮组织坏死；内部籽粒发白或变褐色、出现水渍状，白色隔膜褐变，风味变差，果实更易感染病原真菌。冷害症状从低温冷藏中移到室温20℃左右时，其表现更为明显。

发生原因

果实冷害的根本原因是低温胁迫对细胞膜系统破坏，包括细胞膜结构变化和细胞膜成分的变化。果实经低温造成细胞结构破坏后，新陈代谢失调，包括呼吸代谢与活性氧代谢，有毒物质积累，加速细胞冷性症状的表现，造成不可逆伤害。

影响冷害发生的因素：

（1）**品种因素**。不同品种果实其耐贮性不同，一般晚熟、味酸的品种较耐贮藏，如陕西‘天红蛋’‘大红甜’‘净皮甜’，山东‘大青皮酸’‘大青皮甜’，云南巧家‘青壳石榴’‘铜壳石榴’，安徽‘玛瑙籽石榴’，四川‘大青皮’等品种均为较耐贮藏。早熟、味甜品种一般耐藏性较差，如安徽‘青皮糙’‘玉石子’，云南‘蒙自甜’等。

（2）**贮藏条件**。贮藏条件包括温度、湿度、气体成分等因素，国外大部分研究认为，石榴长期贮藏的安全温度为5～7℃，低于5℃时，果实即出现冷害。

气体成分包括氧气、二氧化碳和乙烯，低氧、高二氧化碳条件可抑制果实呼吸，提高果实抗病性，减轻果实冷害的发生，通常氧气降低至5%，果实呼吸强度明显降低，然而氧气低于2%时，产生低氧伤害，果实风味改变。石榴对高二氧化碳敏感，二氧化碳浓度为1.5%～6%时，对石榴果实贮藏效果较好。环境湿度对果实冷害也有一定影响，石榴最适贮藏湿度为85%～95%。

防控措施

（1）**适宜的贮藏条件**。在5～7℃温度下并结合气调贮藏，可避免冷害发生并保

石榴籽冷害症状

持石榴品质不变。贮藏湿度保持在85%～95%。

（2）**茉莉酸甲酯（MeJA）处理果实**。MeJA作为内源信号分子，参与植物在机械伤害、病虫害、干旱、盐胁迫、低温等抗逆反应，提高果实抗逆性及抗病性。0.1mmol/L MeJA处理果实，其褐变指数、腐烂率较对照处理分别降低39.48%和29.61%，并有效保持果实外观及内在品质。

（3）**适时采收并选择无病、无伤的健康果实**。成熟度低的果实贮藏期间失水率较高，加快冷害及褐变症状的发生，而过熟的石榴果实抗病性降低，贮藏末期病害发生严重，腐烂率高，故采摘8～9成熟的石榴果实贮藏最合适。有伤和发生病虫害的果实抗冷害能力差，贮藏的商品性差。

（4）**选择合理的包装材料**。不同厚度与材质的保鲜膜，其透气、透湿性能不同。石榴在贮藏过程中，果实呼吸消耗氧气，释放二氧化碳，利用保鲜膜的透气、透湿性能，降低袋内氧气，从而达到气调的作用。因此选择适宜的包装材料可降低冷害发生程度。

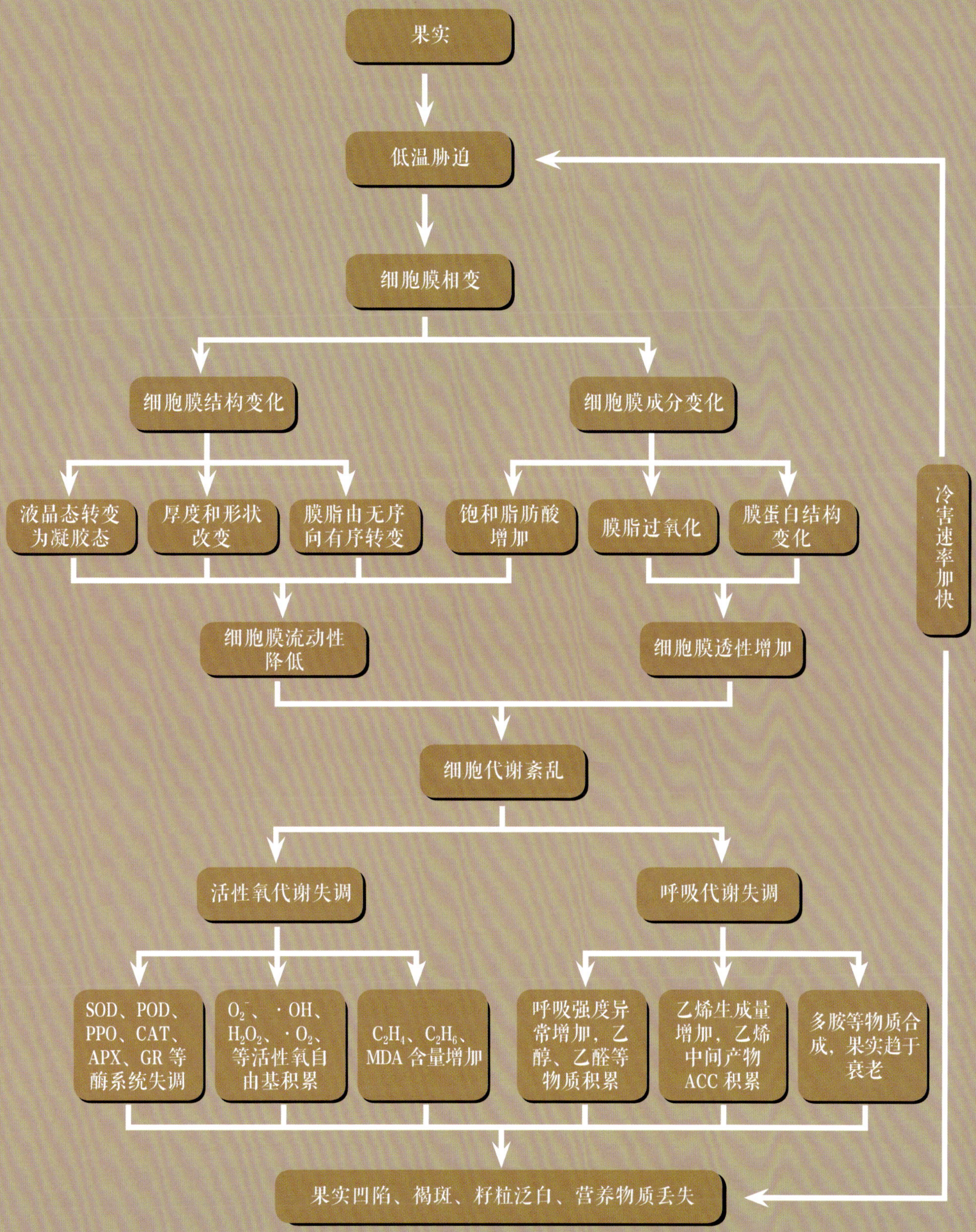

果实
低温胁迫
细胞膜相变
细胞膜结构变化
细胞膜成分变化
液晶态转变为凝胶态
厚度和形状改变
膜脂由无序向有序转变
饱和脂肪酸增加
膜脂过氧化
膜蛋白结构变化
细胞膜流动性降低
细胞膜透性增加
细胞代谢紊乱
活性氧代谢失调
呼吸代谢失调
SOD、POD、PPO、CAT、APX、GR等酶系统失调
O_2^-、·OH、H_2O_2、·O_2、等活性氧自由基积累
C_2H_4、C_2H_6、MDA含量增加
呼吸强度异常增加，乙醇、乙醛等物质积累
乙烯生成量增加，乙烯中间产物ACC积累
多胺等物质合成，果实趋于衰老
果实凹陷、褐斑、籽粒泛白、营养物质丢失
冷害速率加快

果实冷害生理过程

第四章

石榴逆境危害

SHILIU NIJING WEIHAI

逆境是指对植物生存与发育不利的各种环境因素的总称，石榴逆境危害泛指非生物因素（物理、化学、温度、水分等）对石榴生长与发育造成的危害。石榴逆境危害主要有以下几种：冻害、雹害、雪害、风害、光辐射危害、盐碱危害、土壤污染危害、热害、涝害、旱害等，其中生产上危害较为严重的有冻害、旱害、涝害等。研究石榴逆境发生的规律和防治措施，可预防或减轻逆境的危害，挽回或减少经济损失。

冻害

我国北方石榴产区，冬春季节气温骤变造成的急剧降温和严寒天气的极端低温，都会引起石榴树冻害。

症 状

冻害发生后，树干根颈以上部分树皮变为黑色，轻度冻害仅皮层部位黑色，韧皮部仍呈现绿色，树体不会死亡。冻害严重的树干韧皮部也变黑，树皮逐渐干枯开裂。冻害围绕根颈环绕树干一周时，韧皮部全部死亡，致使树木上下输导组织受到破坏，即使在第2年春季石榴树发芽生长，过一段时间石榴树体内营养耗尽也会死亡。若冻害只发生在树干一侧，则会导致受冻一侧的树干枝条死亡。

冻旱，也称为抽条，是由低温和干旱双重原因造成的。由于春季地温低、气温高，空气干燥，此时树体的地上部分由于气温高造成树体蒸腾失水，地温过低根系不能及时从土壤中吸收水分，造成树体水分供需失衡，树体逐渐因失水过多而干枯死亡。树木发生抽条后，枝干皮层皱缩，前期树皮呈现绿色，后逐渐变成黄色斑块状，斑块逐渐围绕树干环绕一周，其上枝条全部干枯死亡。

石榴冻害和抽条往往混合发生，但是两者有着明显症状区别。冻害造成树干形成层变褐，尤其树干枝丫处极易遭受冻害，冻害从冬季到春季逐渐发展和加重。抽

冬季绝对低温造成的冻害

①春季剧烈变温造成的冻害（倒春寒危害）
②冻旱抽条

条是枝干的表皮失水皱缩，木质部皮层由绿色变为黄白色，木质部干枯死亡；冻害是由于冬季的极端低温造成的，而抽条不是发生在冬季严寒时期，而是发生在乍暖还寒、气温回升、干燥多风的早春时节。

发生原因

石榴树发生冻害有两种，一种是冬季绝对低温造成的冻害。多在休眠期的春节前后发生，主要由极端低温或持续低温引起，造成花芽受害或死树。另一种是由剧烈变温造成的冻害。多在石榴尚未进入越冬时的11月份或石榴萌芽以后到花期发生的4月份，由正常温度下突然剧烈降温或发生霜冻引起，造成枝条、叶片或花朵受害，严重的也能造成整株树死亡。

持续绝对低温造成的冻害很少，而发生普遍的冻害主要发生在两个特殊时期，一是秋末冬初，若遇大风寒流降温，石榴尚未进入休眠，抗冻能力较差而遭受冻害。二是春季石榴萌芽前后，倒春寒天气带来的气温剧烈变化造成植株冻害。

石榴抽条发生在冬末春初，由于该季节降水少、空气干燥、水分蒸发量大、相对湿度小，而地温较低，导致植株根系的生理活动受限，不能吸收足够的水分供应给地上蒸发量较大的枝条，使地上组织缺水，出现冻旱或抽条现象。

不同石榴品种遗传基础存在差异，生物学特性和抗寒性表现不同。不同树势的石榴树抗寒性差异很大，1～3年生石榴树因生长过旺，枝条木质化程度低，抗寒性较弱，容易发生冻害；5年生以上树枝条木质化程度高，抗寒性强。生长健壮的石榴树受冻害较轻，而树势衰弱的石榴树受冻害较重。

防控措施

预防措施

（1）**选择适宜的地方建园**。新建的石榴园，应选择背风向阳的地方，不要在地势低洼或阴坡地建园。这些地方秋季降温早，春季升温慢，冬季夜间停积冷空气，积温较低，易遭受冻害。

整株埋土防寒

幼树绑缚

（2）**选用抗寒砧木和优良品种**。选择抗寒性强的优良品种，或应用抗寒砧木嫁接不抗寒的优良品种。

（3）**营造果园防护林带**。防护林带走向以防御冬季盛行的偏北风和西北风为主要目的。一般以带长200～300m及带宽10～12m为宜。栽植树种包括4～5行主栽树种和2行搭配树种或2～3行灌木，主栽树种可选用高大窄冠的乡土树种。

（4）**埋土防寒**。将石榴树沿树干周围堆土30～80cm，翌年春天气温回升时，植株根际土壤解冻时及时撤土，防止因地温回升过慢而气温回升过快引起抽条。

（5）**加强树体和肥水管理**。加强树体和肥水管理，增强树势，以提高树体的抗冻能力。弱树要加强生长前期的肥水供应，并中耕松土，促进树体的生长发育；近成熟期减少施用速效性肥料，尤其速效氮，避免植株旺长，保证其正常进入休眠。对于旺长的幼龄石榴树，可用40%的乙烯利水剂2000～3000倍液，在正常落叶前30～40天进行叶面喷雾，使其正常落叶，提高抗寒能力。秋季采果后，合理施用腐熟有机肥，有利于树体积累养分，提高抗寒能力。

（6）**灌水和喷水**。水热容量大，对气温变化有一定的调节作用。在封冻前，灌足越冬水，既可防止春旱，促进果树生长发育，又使寒冬期间地温保持相对稳定，从而减轻冻害。萌动期遭遇倒春寒，树体喷水或蔗糖水，可提高树体自身的抗冻能力，预防霜冻。

（7）**树干绑缚**。先于根颈部位培土，高度约30cm并踏实，然后树干上绑缚玉米秸、

树干涂白

稻草，外部缠棉布或塑料布，应留有缝隙，不可过严，防止枝条窒息死亡。翌年3月下旬至4月上旬，石榴发芽时去掉绑缚物，注意防止去除过早遇到倒春寒而发生冻害。

（8）**树干涂白**。涂白剂可使树体温度变化稳定，既防冻、防日灼，又能杀死潜藏在树干中的病虫。涂白液的配制比例是生石灰10份、硫黄粉1份、食盐0.5份、植物油和面粉适量、水40份。配制时先将石灰、食盐分别用热水化开，搅拌成糊，然后再加入硫黄粉、植物油和面粉，最后加入水搅匀。于越冬前将主干及主枝、大侧枝涂刷一遍，具有较好的防冻作用。

（9）**药剂防冻**。根据天气预报，在倒春寒或剧烈变温来临时，喷施植物抗寒剂。在低温来临前喷5%的蔗糖液或天达2116果树专用600倍液，连喷2～3次，可起到防冻作用。

（10）**熏烟**。熏烟可使气温提高3～4℃，能减少地面辐射热的散发，同时烟粒可吸收空气中的湿气。在容易发生寒流的月份，要及时注意天气预报，在低温寒流到来前，以碎秸秆、碎杂草、锯末、糠壳等为燃料，堆放后上压薄土层。待气温下降到果树受冻的临界温度前点燃，以暗火浓烟为宜，并控制浓烟使烟雾覆盖在果园

设施栽培防冻

内的空间。每亩果树可设4～5个烟堆，每堆用料15～20kg，将其设在上风口。

（11）**研究开发防冻技术设施**。有条件的果园设置升温装置以及高空棚盖和简易活动大棚等防御设施，是解决霜冻、冷害、雨害等多种自然灾害的综合措施。

补救措施

（1）**喷保护剂减轻倒春寒危害**。对遭受霜冻的石榴树，采用200倍蔗糖加800倍天达2116加30～40mg/kg赤霉素加60%吡唑醚菌酯·代森联水分散粒剂1000～1500倍，间隔7天，喷施1～2次，以迅速补充营养，修复伤害，减少病菌感染。

（2）**加强树体肥水管理**。冻后追施优质专用肥或速效肥，并及时中耕松土，提高地温，促进根系发育，加快树体及早恢复。及时进行复剪，将冻伤严重不能自愈的枝叶剪掉，将影响光照的密集枝、徒长枝疏除，旺梢摘心，以改善光照，节约养分，促进树体发育。

（3）**及时进行药剂保护**。受冻后的树体前期生长势变弱，极易造成病虫侵害，要及时喷布药物进行保护。

雹害

冰雹，又称为雹子、冷子和冷蛋子等。降雹常突然发生，来势凶猛，强度大，给果农造成较大损失。

症 状

石榴树遭受冰雹袭击后，常造成枝条断裂，树冠中上部枝树皮破裂、叶片、果实被砸伤，出现大量落花、落果、落叶现象。轻者削弱树势，当年减产，果实品质降低；重者叶果大量脱落，当年绝收，并影响花芽分化，造成翌年树弱果少，且易引起病虫害的发生和蔓延。

发生原因

在强大的雷雨中，由于大气强烈的对流作用，使水凝结后反复升降而最终形成的固体降水——冰雹，常常伴随狂风暴雨而降落。多于6～9月份发生。每次降雹几分钟至十几分钟，间歇性降雹可达3～4小时。雹块大小不一，小如绿豆，大似栗子的透明圆球形。降雹范围窄长，一般宽几千米，长几十千米，呈现出“雹打一条线”的现象。山区及山塬结合部发生频率多于平原，平原多于川道。

防控措施

预防防控

（1）**避开降雹区建园**。规划石榴园时应避开“冰雹带”，应在不易发生雹害的区域建园。

（2）**架设防雹网**。选用防雹网，首先要重量轻，每667m^2重30kg以内；其次要抗老化、透光性强。网孔以菱形为主，大小为11mm×11mm为佳。网的颜色以白色为主，如果海拔超过1000m，可选用黑色或其他颜色。使用时，在果园上空架设防雹网，晴天将网拉向一边收拢。一旦出现降雹天气则迅速将网支开。

（3）**果实套袋及合理修剪**。首先严格疏花疏果，在保证质量的前提下多留下裙、内膛、背后枝上的果实。同时在不影响光照的前提下，适当留有一定的背上生长枝组和外围生长枝。既减轻雹害，又防止果实日灼。然后进行全园套袋，应选用新的双层纸袋，因为新袋纸质坚硬，柔韧性好，不易被冰雹打烂。

防雹网

(4) **高射炮轰击雹云**。在果树生长期，加强冰雹的预测预报工作，当有冰雹发生时，及时组织火箭、调用高射炮，集中力量轰击雹云，增温化雹为雨，可减轻降雹强度和缩小降雹范围，避免果树的危害。

补救措施

(1) **加强果园灾后管理**。剪除雹灾引起的残枝、残叶和重伤果，并清除出园，深埋或焚烧。已折断或劈裂的新梢和枝干，可将其及时剪除，把伤口剪平，缩小伤口面积，以利于愈合。被雹子砸伤的重伤果，严重影响发育的可摘除，若受伤面积不大，程度较轻的幼果可保留。清理园内沉积的冰雹，并排除积水，以保证果园地表得到晾晒，提高地温。为了迅速提高地温，在晴天连续深翻土壤2～3次，以挥发土壤中过多的水分，改善土壤的通透性，为根系的生长创造一个良好的生长环境。

(2) **加强病虫害防治**。喷洒杀菌剂，避免病原菌从雹灾伤口处侵入蔓延。由于风雹的袭击，新梢、叶片、枝干、果实等部位都有不同程度的损伤，病菌极易侵入感染。常用的药剂有80%代森锰锌可湿性粉剂800～1000倍、70%甲基托布津可湿性粉剂800～1200倍、25%戊唑醇水乳剂1500～2000倍液等。

(3) **及时追肥**。叶片被冰雹砸伤后，不仅养分的制造受到阻碍，而且伤口愈合又需要大量营养。因而灾后要及时补充速效肥料。一是地下追施尿素等速效肥料，最好是氮磷钾混施，采用多点穴施法。二是结合喷药进行叶面喷肥，可选择0.3%的尿素或磷酸二氢钾。

(4) **加强灾后的树体保护**。对枝干上的伤口仔细检查，进行消毒、包扎，以利于愈合。疏除过密枝、徒长枝，使树冠通风透光；对结果树及时扶正，绑扶风折枝，剪除劈裂枝。摘除部分弱小的果实，以减轻负载量。

旱害

石榴产区天气持续不降雨造成旱灾，严重影响石榴产量和品质。个别地块甚至出现绝收和死树现象。

症 状

干旱可使石榴树体内水分收支失衡，发生水分亏缺，导致树体生长减慢，叶片卷曲、下垂甚至脱落，枝条逐渐干枯，直至死亡。果实易出现开裂、变色、硬化等现象。花期遇旱易引起花蕾脱落。果实发育期、膨大期遇旱，发育迟缓，生理病害增多。

干旱症状

薄膜覆盖

发生原因

久旱不雨，减少了土壤有效水分对果树的供应，高温与干风，造成大气相对湿度急剧降低，果树过分蒸腾破坏了其体内的代谢平衡。

水分是果树生长、发育、成花、结实所必需。首先水是植物体的主要构成部分，缺水时原生质结构容易受到破坏。其次水是植物体代谢反应的重要原料和营养物质运输的介质。光合作用、某些水解反应、营养运输等过程都离不开水。干旱缺水，许多代谢过程就会因此而停止，树体停止生长、叶片不展、气孔关闭，严重影响光合作用，而且树势变弱，植株萎蔫，甚至干枯死亡。

防控措施

选择抗旱品种及抗旱砧木

干旱地区建园时应选择抗旱的石榴品种或砧木。

覆盖和生草

树下覆草覆膜能减少水分蒸发，提高根际土壤含水量。薄膜覆盖一般在春季3～4月进行，覆盖时可顺行覆盖或只在树盘下覆盖。果园覆草一年四季均可进行，以夏季为好；麦秸、麦糠、杂草、树叶、作物秸秆和碎柴草均可用作覆草材料。LS地布是一种新型果树覆盖材料，使用寿命长，抑制各种杂草生长，有较好渗水性，可保持土壤水分，减少水分蒸发，同时有利于根部的呼吸，应用效果也很好。

果园生草推荐草种为黑麦草、鼠茅草、白三叶、毛叶苕子、野豌豆等，不种草时要选择性保留园间自然生草。

节水灌溉

（1）**滴灌**。滴灌是一种用水经济、省工省力的灌溉方法，特别适用于缺少水源的干旱山区及沙地。应用时要注意滴头和水的质量。水中杂质、藻类或劣质滴头容易发生堵塞。

（2）**喷灌**。喷灌可节约用水，保护土壤结构，调节果园小气候，清洁叶面，遇霜冻时还可减轻冻害。盛夏喷灌可降低叶温、气温和土温，防止高温日灼伤害。喷灌可以结合喷洒农药和液肥进行。

（3）**微喷**。微喷具喷灌与滴灌的优点，克服了两者的缺点，比喷灌更省水，比滴灌抗堵塞。

（4）**埋土罐法**。适用于山区干旱缺水果园，具体做法是：结果园每株树埋3～4个泥罐，罐口高于地面，春天每罐灌水10～15kg，用土块盖住罐口，1年施尿素3～4次，每次每罐50g。干旱时罐内水分通过土壤给根系供应水分，雨季来到时，土壤中过多的水分可以从外部向罐内透漏，降低土壤湿度，创造适宜根系生长的微域环境。

（5）**穴贮肥水法**。在树冠投影边缘向内50cm处选较低处挖40cm深的穴，把玉米秆、高粱秆把或草把（捆成直径15～25cm、长30～35cm，放在水中或5%～10%的尿液中浸透），垂直放入穴中央，草把周围用烂草加复合肥回填踏实，使穴面较低。覆盖少部分土后浇水覆膜，膜上开孔，平时用石块瓦片盖住，降雨时揭开。穴

滴灌果园

的数量根据树体大小而定，一般为6～9个。穴的位置每1～2年换一个地方。

化学防控试剂抗旱法

（1）**土壤保水剂的应用**。主要成分为聚丙烯酸盐和聚丙烯酰胺共聚体，能快速吸收、储存、缓慢释放水分与养分。在每株果树树冠投影半径两侧行间挖长45cm、宽30cm、深60cm的坑，先充分拌土，然后在20～60cm深的土层里施入保水剂，上用浮土覆盖，使用保水剂后对果园要进行一次果树灌溉。在一次浇水或雨后便可储存水分供果树长年吸收。

（2）**抗蒸腾剂的应用**。旱地龙是一种多功能植物抗旱、生长营养剂，可起到一定的抗旱作用。能促进根系发育，降低蒸腾作用。早期喷施，可明显改善植物体内的水分状况。

（3）**抗逆剂的应用**。乙酰水杨酸可以提高果树抗逆力，石榴树叶面喷施0.1%的乙酰水杨酸水溶液，连续喷施2～3次，或在土壤浇灌时加入0.01%的乙酰水杨酸水溶液，可以减少因干旱引起的落花落果现象。

加强栽培管理

（1）**合理密植**。干旱的条件下，一般进行中等密度栽植，株行距2.5～3m×4m，园地尽量平整，要大穴（$1m^3$）栽植。

（2）**合理修剪**。采用自由纺锤形和细长纺锤形树形。修剪时要少造伤，多留保护桩，修剪后要用封剪油或润肤油及时涂抹剪锯口，防止树液蒸发。春季及时抹掉多余的萌芽，夏季疏掉无效枝。以花定果，合理负载，限制产量，减少树体养分的无效消耗。

（3）**合理施肥**。增施有机肥，实行配方施肥，增强树势，提高果树抗旱力。秋季降雨较多，土壤湿度大，及时施基肥利于树体储藏养分，提高翌年春季树体的抗旱、抗寒力。施肥应以合理深施为宜，诱导根系向下生长，增强抗旱性。

（4）**果园深耕**。深耕结合细耙是防止土壤水分蒸发的有效措施，深耕应与保持水土相结合，否则大雨、暴雨会使水土流失。深耕果园可间作一些豆科绿肥，起到固土肥田的作用。

（5）**除虫保叶**。高温干旱季节，部分害虫，如叶蝉、网蝽、叶螨、蚜虫之类为害会加重旱害，造成果树旱害、虫害双重危害，加重落叶，削弱树势，对当年产量、品质和来年花芽分化极为不利。

（6）**叶面喷肥**。早晚用0.2%～0.3%磷酸二氢钾叶面喷施，可增强树体抗旱性。

应急措施

（1）**架设遮阴网**。在果园上部架设遮阴网，避免阳光直射暴晒。

（2）**喷水**。在13：00～15：00温度高、阳光直射暴晒时，向树体的阳面，尤其是树冠西南向间歇性喷清水，可降低局部温度，避免果实日灼。

涝害

石榴根系浅，呼吸作用强，不耐涝。近年来石榴产区降水量极不均匀，持续大量降水造成涝害使落叶或死树的现象常有发生，造成重大损失。

症　状

果树受涝轻则造成叶片黄化、脱落，产量下降，重则造成生长受阻，甚至整株死亡。

发生原因

大量降雨后，石榴树浸泡在水中，根系的大量矿质元素及重要中间产物淋溶丢失，以及在无氧呼吸中产生的有毒物质，如乙醛、乙醇等使其受害，出现烂根、叶片萎蔫、黄化等症状，严重的甚至出现死枝或死树现象。

不同品种耐涝程度不同。地下“暗涝沟”和开穴定植造成地下排水困难致使果园局部涝害。

防控措施

预防措施

（1）**建园前严格按防涝标准整地**。地块较小的山坡地，首先要加宽加深内堰沟，确立定植位置后先整树盘，搞局部整平，然后再栽树。宽度在几十米以上、土层较厚的地块。可按四通一平、条田标准整理。主要技术标准为：每8～10m挖一条宽1m、深0.8m的纵向排水沟，每30～35m挖一条宽0.8m、深0.6m的横向排水沟，并且纵向与横向排水沟相连接，使水能排出地外。树盘周围地面应高于行间地面10～15cm，以利于灌排水。在地下水位高和易发生涝灾的地区，推广起垄栽培技术。

（2）**砧木选择**。在选用砧木时，可根据地下水位的高低和立地条件因地制宜选择抗涝砧木。

（3）**解决死穴与暗涝的措施**。开穴栽树松土层较浅，容易发生死穴和暗涝问题。一般松土层20～30cm的地块。在挖穴时，必须挖穴与穴之间相连接的纵横向沟，以解决死穴问题，防止局部涝害。

涝灾后补救及果园管理

（1）**挖沟排水**。涝害发生后，立即对果园进行挖沟排水、清理淤泥。每行之间挖深0.3m、宽0.5m左右的排水沟排除地上积水及土壤中过多的水分。

（2）**整理受灾树木**。对死树要及时清理出园，对受损较轻的石榴树要慢慢扶正并用支架固定，裸露的根系进行培土至原埋土深度，剪掉受损枝条，并将剪掉的枝条以及落叶、落果清理出园并进行无害化处理。

（3）**及时进行中耕**。排水后要及时进行中耕，特别是要及时疏松树盘，增加土壤的透气性能，创造一个良好的环境，促进根系生长。

（4）**加强田间管理**。晴天后要及时进行叶面喷肥，以0.3%尿素或磷酸二氢钾为主。结合中耕适时追施尿素、果树专用肥、磷酸二铵、厩肥。秋季要早施多施基肥，保证树体营养。

（5）**加强病虫害防治**。受涝害的石榴树极易遭受病虫害的侵染。可喷施70%甲基托布津可湿性粉剂800～1000倍或80%代森锰锌可湿性粉剂700～1000倍液加天达2116营养液600倍液防治病害，提高树体的抗逆力。

石榴涝害症状
（侯乐峰　摄影）

第五章

石榴病虫害综合防控策略

SHILIU BINGCHONGHAI ZONGHE FANGKONG CELUE

石榴生产中，病虫害的发生严重影响石榴的生长发育、产量和果实品质。存在重栽轻管现象，尤其在病虫害防治上更为突出，表现在不按病虫害的发生规律盲目用药，重治疗轻预防，重化防轻综合，致使农药越用越多，生产成本越来越高，而病虫害越来越严重。其后果是不仅杀死大量天敌，石榴树遭药害，提前落叶、枯死，还造成果实农药残留，严重影响石榴的品质，成为我国石榴出口创汇的障碍。因此，需要对这些有害生物进行综合防治。联合国粮农组织1967年对有害生物综合治理(IPM)的定义为：综合治理是有害生物的一种管理系统，它按照有害生物的种群动态及与之相关的环境关系，尽可能协调地运用适当的技术和方法，使有害生物种群保持在经济危害水平之下。因此，应该按照病虫害发生规律，以农业防治和物理防治为基础，生物防治为核心，同时最大限度地合理使用农药，从而有效控制病虫危害，降低果品的农药和其他有害物质残留，为石榴高标准化生产创造条件。

农业措施

农业措施是根据农业生态环境与病虫发生的关系，通过改善生态环境，营造不利于病虫害发生的环境条件。调整品种布局，充分应用品种抗病、抗虫性以及一系列的栽培管理技术，有目的地改变石榴园生态系统中的某些因素，使之不利于病虫害的流行和发生，达到控制病虫危害，减轻灾害程度，获得优质、安全果品的目的。

农业防治方法是石榴园生产管理中的重要部分，不受环境、条件、技术的限制，虽然不像化学措施那样能够直接、迅速地杀灭病虫，却可以长期控制病虫害的发生，大幅度减少化学药剂的使用量，有利于石榴产业可持续发展。在石榴生产中，农业措施主要有：

植物检疫

凡是从外地引进或调出的石榴苗木、接穗和果品等，都应进行严格检疫，防止危险性病虫害的扩散。近年来，许多地区大力发展石榴产业，从外地调运苗木或采集接穗的数量逐年增加。我国检疫口岸发现旅客携带的石榴中有检疫害虫地中海实蝇*Ceratitis capitata* Wiedemann、柑橘小实蝇*Bactrocera dorsalis* Hendel等；另外，Somasekhara首次报道甘薯长喙壳菌*Ceratocystis fimbriata* Ellis & Halst在印度的卡纳塔克邦两个地区危害石榴，刘云龙等在我国云南省蒙自县也发现该菌引发石榴枯萎病。作为一种毁灭性的病原菌，由于可通过苗木调运、嫁接、植物伤口、媒介昆虫等途径远距离传播，因此必须加强植物检疫工作，否则一旦传入蔓延，因当地气候适宜或缺乏相应的天敌制约，常可在短期内爆发成灾，出现难以控制的局面。

科学建园

园地选择在缓坡山地或地势较高、排水和通风良好、光照充足的地方。在栽植前或幼树期对土壤进行深耕增施有机肥改造，如堆肥、厩肥、秸秆绿肥、腐熟饼肥等；品种要选择适宜当地栽培发展的优质、抗病虫的品种，尤其是对一些毁灭性的病害。选择科学合理的种植模式和适宜的品种搭配是优质高产高效的基础。

彻底清洁果园，减少病虫基数

结合冬季修剪，彻底剪除枝干上越冬的病、虫枯梢，清扫残枝、落叶、病残果、杂草，刮除老、翘树皮，集中烧毁或深埋。这样就可消灭大量干腐病、褐斑病、炭疽病、枝枯病、

科学建园

木腐病等的病原菌以及桑白蚧、茎窗蛾、蚜虫、桃蛀螟、桃小食心虫、卷叶蛾等害虫的卵、蛹、成虫，减少病虫发生的基数，很好地预防病害的流行和虫害的大发生。

合理整形修剪，改善石榴园通风透光条件

石榴园在密闭条件下病虫害发生严重，过于茂盛的枝叶常成为小型昆虫繁衍的有利场所。合理整形修剪，使树体枝组分布均匀，改善了树冠内通风透光条件，可以有效地控制病虫害的发生。在修剪时，做好树体保护，对树枝修剪时要轻剪，避免修剪过重造成伤口。虫伤、机械伤口及冻伤最易感染干腐病、木腐病、枝枯病等病菌，也是多种害虫的越冬场所。修剪出现伤口后应进行保护，及时剪除感病枝条，刮除粗翘皮等病残组织，并远离果园进行集中销毁。修剪带病树枝后要注意工具消毒，防止继续修剪时传染给健康树。

科学施肥与合理排灌水

加强肥、水管理对提高石榴树体抵抗病虫害能力有明显效果，特别是对具有潜伏侵染特点的病害和具有刺吸式口器害虫的抵抗作用尤其明显。施肥种类及用量与病虫害发生有密切关系，应当注意勿施用过量氮肥，避免引起枝叶徒长、树冠内郁闭而易诱发病虫。厩肥堆积过多，常成为蝇、蚊、金龟子幼虫等的栖息繁殖场所。因此，提倡配方施肥、平衡施肥，多施有机肥、增施磷钾肥，以提高植株抗病性，增强土壤通透性，改善土壤微生物群落，提高有益微生物的生存数量，并保证根系发育健壮。此外，减少氮肥，增施磷钾肥，能增强树体对病害侵染的抵抗力。果树生长中后期灌水过多，易使果树贪青徒长，枝条发育不充实，冬季抗冻害的能力差。因此，果园浇水尽量避免大水漫灌，尽量采用滴灌、穴灌等措施，以免造成园内湿度过大，诱发病害发生。遇大雨后应及时排水，防止内涝，避免影响石榴生长和降低石榴抵抗病虫害能力。

物理措施

物理措施是指利用各种物理因子或器械防治害虫的方法。该方法能有效避免化学防治对环境的污染、降低果品的药物残留。物理措施操作简便易行、效果好，应当大规模推广应用。

灯光诱杀

现在常用的灯光诱杀主要是频振式杀虫灯和黑光灯诱杀。如利用害虫的趋光性，在金龟子、叶蝉、茎窗蛾、桃蛀螟、刺蛾、豹纹木蠹蛾等大多数害虫成虫发生期，于园内安装黑光灯、频振式杀虫灯可有效控制园内虫口密度。

糖醋液诱杀

利用害虫的趋化性，在园内放置糖醋液可诱杀金龟子、实蝇等害虫。

人工捕虫或杀虫

利用害虫的假死性，在树体下铺塑料膜，振动树体，使多种金龟子等害虫掉落

频振式太阳能杀虫灯

①粘虫板
②树干绑草把

在塑料膜上，收集起来集中消灭。蚱蝉幼虫出土季节发动群众捕捉。冬季石榴绒蚧等介壳虫发生时，人工用钢丝刷刷除。

粘虫板和粘虫胶带

利用粘虫黄板诱杀柑橘小实蝇、鳞翅目成虫和有翅蚜虫等。利用粘虫胶带可以防治从地表向树上转移的害虫，使用粘虫胶后可以彻底切断虫源，大大地减少害虫的基数。初次使用时间为害虫最早上树或下树以前。树皮粗糙的，可以先缠上一圈胶带，再在胶带上涂胶。树皮光滑的，可以直接涂胶。胶环宽度5cm左右为好。每隔3～4个月再涂一次。涂胶要均匀。粘虫胶带适用于叶螨类、草覆蚧、粉蚧、棉铃虫、尺蠖类、绿盲蝽等害虫。

树干绑草把

利用害虫越冬场所的固定性，于越冬休眠前在树干、大枝杈处绑草把，可诱集螨类、蝽类、草履蚧等害虫大量聚集越冬。在早春害虫出蛰前将草把清出园外、集中烧毁。

果实套袋

果实套袋，除了能减少裂果、防止日灼、提高果面光洁度、增加果实着色以

果实套袋

外，还能防止病菌和害虫直接侵染果实，减少农药在果品中的残留。

遮阴网、防雹网和防虫网等设施应用

有条件的高档果园，可以架设遮阴网防止日灼、裂果，防雹网防止雹害，防虫网阻止害虫传播。

化学措施

由于其作用快、效果好、使用方便、经济效益高、不受地区的限制等优点，化学措施仍然是病虫害综合防治中的一个重要手段，尤其病虫害大发生时的危急时刻。化学措施也是目前石榴病虫害防治采用的最主要和最简便的方法。

化学措施是指利用各种来源的化学物质防治石榴病虫害的方法。如使用不当可对植物产生药害，引起人畜中毒，杀伤有益微生物、天敌，导致病原物、害虫产生抗药性。造成环境污染和农药的高残留。

化学措施的施药方法主要有：喷雾法、喷粉法、土壤处理、熏蒸法、烟雾法、涂抹法、蘸根法、树体注射法等，在使用农药时，需根据药剂、作物与病虫害特点选择合理的施药方法，以充分发挥药效，避免药害，尽量减少对环境的不良影响。

当前生产上应用的化学物质主要有杀虫剂、杀菌剂、除草剂和杀线虫剂等。

目前使用化学物质防治石榴病虫害存在的问题主要有以下几个方面：

（1）**防治适期不当**。每一种病虫害都有防治的最佳适宜时期，在防治适期用药，效果最好。而病虫害的发生在年度间、地区间差异很大，错过防治适期，效果事倍功半，而果农对病虫害的发生情况不甚了解，盲目用药。

（2）**农药品种选择不当**。不了解农药的性质和作用原理，药剂使用不当，效果差。因此，应根据防治对象选择适宜的农药品种，做到对症下药。

（3）**盲目加大农药用药量和施药次数**。致使病虫害容易产生抗药性，污染环境。应严格按照农药标签推荐的浓度和用量进行用药。

（4）**随意混配农药**。农药混用合理能提高防治效果，但不懂农药的性质乱混乱配，既浪费农药，效果又不一定好。选择不同作用机理的品种合理混配使用，不但能提高防治效果，扩大防治范围，还能延缓病虫抗药性的产生。

（5）**农药品种单一长期使用**。在农药使用中，有的果农一旦发现某种农药效果好，就长期使用。即使发现该药对病虫的防效降低，也不更换，而是采用加大药量的办法，使病虫产生抗药性，造成恶性循环。生产中应选用作用机理不同的农药品种交替使用。

在防治石榴病虫害过程中，应充分发挥化学措施的优点，尽量减轻其不良作用。生产上应恰当选择农药种类和剂型，采用适宜的施药方法，合理使用农药，达到最佳的防控效果。

生物措施

生物措施是利用了生物物种间的相互关系，以一种或一类生物抑制另一种或另一类生物。它的最大优点是不污染环境、对人畜无害、无农药残留，是农药等非生物防治病虫害方法所不能比拟的。目前，我国主要用于防治害虫，少数用于防病。

利用天敌防控虫害

害虫天敌分为寄生性天敌和捕食性天敌。寄生性天敌昆虫是将卵产在害虫寄主的体内或体表，其幼虫在寄主体内取食并发育，从而引起害虫的死亡。如石榴园棉蚜的天敌有中华草蛉、异色瓢虫和大草蛉。寄生刺蛾的刺蛾紫姬蜂、刺蛾白跗姬蜂等寄生蜂类。捕食性天敌昆虫直接取食猎物或刺吸猎物体液来杀死害虫，致死速度比寄生性天敌快得多。如捕食叶螨类的深点捕食螨、食螨瓢虫、大草蛉、中华通草蛉、食蚜瘿蚊等；捕食介壳虫的黑缘红瓢虫、红点唇瓢虫等。此外还有螳螂、捕食蜂类、蜘蛛等多种捕食性天敌。

我国常见的天敌昆虫有：

（1）**瓢虫**。常见的有七星瓢虫、小红瓢虫和异色瓢虫。均捕食蚜虫和介壳虫。其食量很大，如异色瓢虫的1龄幼虫每天捕食棉蚜数量为10～30头，4龄幼虫为每天

瓢虫

①瓢虫成虫
②瓢虫幼虫

草蛉卵

100～200头，成虫食量更大。深点食螨瓢虫能捕食多种螨类的成螨、幼螨和卵。它的成虫和幼虫发生时期长，世代重叠，食量大，对果树上的螨类有较好的控制作用。

（2）**草蛉**。分布广，种类多，食性杂。我国常见的有10余种，其中主要是中华通草蛉、大草蛉、丽草蛉等。草蛉的捕食范围包括蚜虫、介壳虫、蓟马、蛾类和叶甲类的卵、幼虫以及螨类。中华通草蛉一年发生6代左右，在整个幼虫期可捕食棉蚜500多头。

草蛉幼虫

草蛉成虫

（3）**食蚜蝇**。主要捕食蚜虫。如黑带食蚜蝇是果园中较常见的一种，一年发生4～5代，幼虫孵化后即可捕食蚜虫，每头幼虫每天可捕食蚜虫120头左右，整个幼虫期可捕食蚜虫840～1500头。

（4）**食虫蝽象**。食虫蝽象是指专门吸食害虫的卵汁或幼（若）虫体液的蝽象，为益虫。它与有害蝽象有区别：有害蝽象有臭味，而食虫蝽象大多无臭味。食虫蝽象是果园害虫天敌的一大类群，主要捕食蚜虫、叶螨、蚧类、叶蝉、蝽象以及鳞翅目害虫的卵及低龄幼虫等。如桃小食心虫的卵。

（5）**螳螂**。螳螂是多种害虫的天敌，食性很杂，可捕食鳞翅目幼虫、鞘翅目害虫、蝽象类等60多种害虫，自春至秋田间均有发生。

（6）**寄生性昆虫**。数量最多的是寄生蜂和寄蝇。其特点是以雌成虫产卵于寄主体内或体外，以幼虫取食寄主的体液摄取营养，直到将寄主体液吸干死亡。如赤眼蜂、蚜茧蜂、甲腹茧蜂、姬蜂、跳小蜂、寄蝇。

（7）**捕食螨**。是捕食害螨为主的有益螨类。我国有利用价值的捕食螨种类有胡瓜钝绥螨、拟长毛钝绥螨、植绥螨等。在捕食螨中以植绥螨最为理想，它捕食凶猛，具有发育周期短、捕食范围广、捕食量大等特点，1头雌螨能消灭5头害螨在半个月内繁殖的群体，同时还捕食一些蚜虫、介壳虫等小型害虫。

（8）**蜘蛛**。种类多，种群的数量大。寿命较长，小型蜘蛛半年以上，大型蜘蛛

①天敌蜘蛛
②食虫鸟类
（李琪 摄影）

可达多年。蜘蛛抗逆性强，耐高温、低温和饥饿，为肉食性动物，专食活体。蜘蛛分结网和不结网2类，前者在地面土壤间隙做穴结网，捕食地面害虫；后者在地面游猎捕食地面和地下害虫，也可从树上、植株、水面或墙壁等处猎食。蜘蛛捕食的害虫种类很多，是许多害虫如蚜虫、鳞翅目害虫、蝽象、叶蝉等的重要天敌。

（9）**食虫鸟类**。鸟类在农林生物多样性中占有重要地位，它与害虫形成相互制约的密切关系，是害虫天敌的重要类群。我国以昆虫为主要食料的鸟约有600种，如大山雀、大杜鹃、大斑啄木鸟、灰喜鹊、家燕、黄鹂等主要或全部以昆虫为食物。捕食害虫的种类很多，主要有双翅目害虫、半翅目害虫、鳞翅目幼虫等，果园内所有害虫都可能被取食，对控制害虫种群作用很大。

利用生防菌或其发酵产物防控害虫或病害

利用苏云金芽孢杆菌（BT）、昆虫病原线虫、白僵菌防治多种石榴害虫。BT是在我国应用范围最广的广谱性生物杀虫剂。线虫必克（厚垣轮枝菌）、壮根宝（淡紫拟青霉菌）对根结线虫病也有一定的防效。枯草芽孢杆菌和哈茨木霉菌对石榴枯萎病的防治也有效果。

利用家禽

园内放养鸡、鸭等家禽，啄食害虫，减轻危害。

园内种植诱集作物

利用桃蛀螟对向日葵、玉米、高粱具有较强的趋性，园内种植以上作物，诱其集中并销毁。

利用昆虫激素防控害虫

在害虫发生早期利用性外激素（性诱剂）不仅可以诱杀成虫、干扰交尾（成虫迷向干扰），还可以根据诱虫时间和诱虫量指导害虫防治，提高防治质量。我国在石榴害虫防治上已经应用的有桃蛀螟、桃小食心虫、苹果小卷叶蛾、柑橘小实蝇等昆虫的性外激素。捕获器的选择要根据害虫种类、虫体大小、气象因素等，确定捕获器放置的地点、高度和用量。

性诱剂及捕获器的应用

实蝇诱剂

第六章

农药的科学应用

NONGYAO DE KEXUE YINGYONG

农药安全使用是关系到农业生产、农产品安全、人畜安全、环境安全、生态安全以及可持续发展的重要课题。在农药的使用过程中，即使再优质的农药，如果使用农药的人没有掌握正确的安全使用技术和方法，就不会达到预期的目的，往往事倍功半，适得其反。因此，掌握安全正确的农药使用技术十分重要。

农药剂型

农药剂型加工是指在农药原药中加入适当辅助剂，赋予一定使用形态，以提高有效成分分散度，优化生物活性，便于使用。目前较为常用的农药剂型见下表。

剂型	主要组分	用途	优缺点
乳油（EC）	原药、溶剂、乳化剂等	主要用于喷雾或拌种、毒土等	在水中有很好的分散性和稳定性；因使用大量的有机溶剂，增加环境负荷，有使用逐渐减少的趋势
粉剂（DP）	原药、填料、稳定剂等	用于喷粉、撒粉、拌毒土等	不能用于喷雾
可湿性粉剂（WP）	原药、填料、湿润剂等	可用于喷雾、毒饵、土壤处理	比粉剂的细度更高，有较好的润湿性和悬浮性；悬浮率较差的可湿性粉剂药效差，且易引起药害
水剂（AS）	原药、水等	用于喷雾	水溶性好，但有的长期储存易分解失效
悬浮剂（SC）	原药、分散剂等	用于喷雾	安全高效成本低的水基性剂型，悬浮率高、展着性好等优点
可溶性粉剂（SP）	原药、填料、表面活性剂等	用于喷雾	
水乳剂（EW）	原药、分散剂、乳化剂、稳定剂、防冻剂等	可直接喷雾或飞机地面喷雾	成本低于乳油，且较少使用有机溶剂，环境亲和性较好
水分散粒剂（WG）	原药、分散剂、稳定剂等	悬浮性、稳定性、分散性好，可直接喷雾	正在发展中的新剂型

此外，颗粒剂、悬乳剂、微胶囊剂、烟剂、乳剂、水剂、种衣剂等也是常用剂型。随着农药加工行业的发展和人们环保意识的增强，研究和开发“水性、粒状、缓释”剂型已经成为农药加工领域的研究热点，陆续出现的高效安全、经济方便、环境友好农药新剂型如水乳剂、微乳剂、可溶液剂、悬乳剂、水分散粒剂、微胶囊剂等。

农药的鉴别

假劣农药不仅浪费了广大农户的人力和财力，最关键的是严重危害了农作物的产量和质量，影响了广大农户的经济效益。在农业生产实践中，识别假劣农药应掌握以下几个方面：

（1）**农药标签**。标签中必须注明产品名称、农药登记号、生产许可号、产品标准号以及农药的有效成分含量、剂型、净含量、产品性能、注意事项、使用方法和农药的生产日期、有效期、生产企业名称、地址、邮编、网址，其中农药登记号尤其重要。

（2）**农药产品名称**。标签上产品的名称应当为通用名称或合法商品名。

（3）**农药产品的外观判断**。粉剂、可湿性粉剂应为疏松粉末，无团块，色泽均匀；乳油应为均相液体、无分层、无结晶析出；悬浮剂、悬乳剂为可流动的悬浮液，无结块，长期存放可能存在少量分层现象，但经摇晃后应能恢复原状；水剂为均相液体、无沉淀或悬浮物；颗粒剂应粗细均匀，不应含有大量粉末。

（4）**注意保质期**。超过产品质量保质期的农药不能购买。

（5）**认清种类**。根据农药外包装认清农药种类，其中绿色为除草剂、红色为杀虫剂、黑色为杀菌剂、蓝色为杀鼠剂、黄色为植物生长调节剂。

农药的安全使用

农药在农业生产上必不可少，是保证农业高产稳产不可或缺的生产资料。但是，农药使用不当，可能引起一系列的问题，如人畜中毒、食品安全、环境污染等，因此使用农药必须注意以下几个方面：

（1）**适期用药，用药合理**。在使用农药时必须根据病、虫、草及天敌的发生规律及预测预报，达到防治指标时及时用药。用药剂量应适宜，盲目、片面地以为大剂量、多次数效果就好，往往会导致病虫害抗药性的增强，甚至产生药害，也加重了经济负担。

（2）**严格遵守安全间隔期规定**。农药安全间隔期是指最后一次施药到作物采收时的天数，即收获前禁止使用农药的天数。很多农户在使用农药防治害虫时，往往只注重防治效果，不注重产品上市的安全间隔期，结果造成农产品上农药残留超标，严重伤害消费者的身体健康。因此，为保证农产品残留不超标，在安全间隔期内不能采收。

（3）**掌握安全用药知识，保护自身及环境安全**。①在配兑农药时，应当戴橡胶手套、口罩；施药过程中穿长袖衣服，注意风向，避免农药飞溅到人身上、脸上等现象；施药完成后，彻底清洗衣服并及时洗澡。②购买的农药不应随意存放，避免与食物、饲料、牲畜等放在一起，以免引起人畜中毒；剩余农药必须严密包封带回家中，并放在专用的、儿童和家畜触及不到的安全场所；农药包装物、空包装袋或包装应妥善存放，不应随便丢弃。

（4）**增强安全用药意识，禁止使用高毒农药**。我国已全面禁止高毒农药在瓜果、蔬菜、果树、茶叶、中药材等作物的使用。严禁使用的高毒农药有甲胺磷、氧化乐果、甲拌磷、对硫磷、久效磷、甲基对硫磷、水胺硫磷、敌敌畏、三唑磷、乙酰甲胺磷、杀螟硫磷等。克百威、涕灭威、甲拌磷、甲基异硫磷等剧毒农药，只准用于拌种、工具沟施或戴手套撒毒土，严禁喷施。

农药配置方法

（1）**百分比浓度表示法是指农药的百分比含量**。计算公式如下：如配制0.01%的毒死蜱药液，是指配制成的药液中含有0.01%的毒死蜱原药。用40%的毒死蜱乳油配制15kg 0.01%的药液，需40%的毒死蜱药液用量计算公式如下：

使用浓度×用药量=原药用量×原药百分比含量

计算如下：

原药用量=使用浓度×用药量（0.01%×15kg）÷原药百分比含量（40%）=3.75g

称取3.75g40%毒死蜱乳油，加入15kg水中，搅拌均匀，即为0.01%的毒死蜱药液。

（2）**倍数浓度表示法**。是喷洒农药时经常采用的一种表示方法。可用下列公式计算：

使用倍数×药品用量=稀释后的药液量

例如：配制15kg3000倍毒死蜱药液，需用毒死蜱药液约5g

使用倍数（3000）×药品用量=稀释后的药液量（15kg）

药品用量=15×1000÷3000=5g

（3）ppm（百万分之一）含量表示法（现以mg/kg表示）。1ppm是指药液中原药的含量为1mg/kg。在配制农药或肥料使用浓度时，要根据农药的纯含量以及需要稀释的浓度（用ppm单位）确定加水量。其计算公式是：

每克农药的加水量＝1000000×药品含量（%）÷浓度（ppm）

例如：需用15%的多效唑配制成300ppm的药液，1g农药需加多少克水呢?

按公式计算如下：

加水量＝1000000×15%÷300=500（g）

即1g15%多效唑加水500g，即可配制成300 ppm的多效唑药液。

农药的施用方法

农药的施用方法就是把农药施用到目标物上所采用的各种施用技术措施。主要的施用方法有喷雾法、撒施法、浇洒法、拌（浸）种法、毒饵法等。

（1）喷雾法。是将一定量的农药与适量的水配成药液，用喷雾器具喷洒成雾滴，形成液气分散体系的施药方法，是目前最常用的农药施用技术。喷雾法可用作茎叶处理，也可用作土壤处理。乳油、可湿性粉剂、悬浮剂、水剂、可溶性粉剂等加水配成稀释液后即可喷洒使用。

（2）撒施法。是将农药与土或肥混合，直接撒施。该法无须药液配制，药剂可以直接使用，无粉尘或者雾滴飘逸，方便、省工。

（3）浇洒法。是水为载体，采用浇灌的方法把农药施入土壤中。习惯上分为泼浇和灌根。现在将滴灌、喷灌系统改装，实现自动、定量向土壤中施入农药，用于农业、苗圃、草坪等病虫害的防治。

（4）拌（浸）种法。是将种子、苗木的外面覆盖一层药剂，是防治种子、种苗带病（菌）、土壤传病和地下害虫的有效施药方法。

（5）毒饵法。是利用有害生物喜食的食物为毒饵，加入农药配制成毒饵，让有害生物取食中毒的防治方法。

参考文献

CANKAOWENXIAN

ADASKAVEG J E, OGAWA J M, 于春池 . 1992. 果树木腐病 [J]. 山西果树 , (4): 43-44.
白海燕 , 马建列 , 杨经萱 . 1999. 攀西地区石榴早期落叶病叶斑病发生及防治 [J]. 植物医生 , 12(3):8.
蔡秀玉 , 丁翠 . 1982. 在我国发现的一些昆虫病毒 [J]. 昆虫学报 , (4):413-415,475-477.
曹成斌 , 王满生 , 何梅荣 . 1992. 灰巴蜗牛发生规律初步研究 [J]. 陕西农业科学 , (3):15-16.
曹克诚 , 李润临 . 1980. 桃斑蛾的生活习性观察 [J]. 昆虫知识 , (6):258.
曹克诚 . 1996. 茶翅蝽 [J]. 山西农业 , (6):37.
曹天文 , 谢映平 , 张晋成 . 1996. 山西省折带黄毒蛾核型多角体病毒观察 [J]. 山西农业大学学报 , (02):175-176, 214.
曾朝华 , 赵家华 , 张玲 . 2004. 石榴麻皮的原因及防治 [J]. 中国植保导刊 , (10): 21-22.
陈春花 . 2013. 鄂州地区香樟大袋蛾防治对策 [J]. 绿色科技 , 2013.(10):131.
陈联云 . 2017. 浅谈柑橘星天牛的发生规律及防治措施 [J]. 南方农业 , 11(29): 24, 28.
陈云华 , 孙兴全 . 2010. 石榴大袋蛾生活习性及防治 [J]. 安徽农学通报 , 16(4):119, 132.
程良河 . 2015. 山核桃病虫害防治机械化技术要求 [J]. 农机科技推广 , (04): 41-42,45.
仇兰芬 . 2010. 北京地区茶翅蝽天敌种类及其控制作用研究 [J]. 北方园艺 , (9): 181-183.
褚凤杰 , 周志芳 , 李瑞平 , 等 . 1997. 茶翅蝽生物学特性观察及防治研究 [J]. 河北农业大学学报 , (2):12-17.
丛恩滋 . 1988. 大袋蛾生物学特性的初步研究 [J]. 山东林业科技 , (S2):9-10.
崔凤敏 . 2014. 果树肥害的症状及补救措施 [J]. 河北果树 , (3):40-41.
邓吉 , 陆进 , 李健强 . 2006. 石榴枯萎病发生危害与防治初步研究 [J]. 植物保护 , 32(6): 97-101.
段永春 , 郑海涛 , 董书强 , 等 . 2017. 北方茶园绿盲蝽年种群动态规律研究 [J]. 山东农业大学学报 (自然科学版), 48(01): 24-27.
段志坤 . 2005. 煤烟病对果树的危害及综合防治 [J]. 江西园艺 , (3):16-17.
樊昌密 . 2011. 盗毒蛾的发生与防控 [J]. 西北园艺 (果树), (4): 29-30.
范成明 , 刘建英 , 吴毅歆 , 等 . 2007. 具有生物熏蒸能力的几种植物材料的筛选 [J]. 云南农业大学学报 , 22(5): 654-658.
范昆 , 宫庆涛 . 2016. 果园新农药 (六) [J]. 落叶果树 , 48(6): 8.
范昆 , 宫庆涛 . 2016. 果园新农药介绍（二）[J]. 落叶果树 , 48(2): 13.
范昆 , 宫庆涛 . 2016. 果园新农药介绍（四）[J]. 落叶果树 , 48(4): 31.
范丽清 , 严善春 , 程红 , 等 . 2012. 光肩星天牛对寄主植物萜烯类化合物触角活性和电位反应 [J]. 东北林业大学学报 , 40(11): 143-146.
范伟国 , 魏宗法 , 赵西平 , 等 . 2005. 果树营养亏缺生理效应研究 [J]. 山西果树 , 106(4):5-6.
冯华 . 2007. 猕猴桃园椿象的发生与综合防治 [J]. 西北园艺 (果树专刊), (6): 22.
高秀美 , 冯冠华 , 曹长余 . 2001. 桑天牛发生规律与综合防治研究 [J]. 中国农学通报 , (2): 75-76.
高勇, 郑建立, 岳清华, 等 . 2017. 山东半岛蓝莓园褐边绿刺蛾的发生与防治[J]. 果树实用技术与信息, (10): 28-29.
高瑜 . 2014. 长治市园林植物病虫害发生及为害研究 [D]. 晋中 : 山西农业大学 .
宫庆涛 , 范昆 . 2016. 果园新农药（五）[J]. 落叶果树 , 48(5): 50.
宫庆涛 , 范昆 . 2016. 果园新农药介绍（三）[J]. 落叶果树 , 48(3): 52.
宫庆涛 , 范昆 . 2016. 果园新农药介绍（一）[J]. 落叶果树 , 48(1): 56.
宫庆涛 , 范昆 . 2018. 果园新农药（一）[J]. 落叶果树 , 50(1): 46.
宫庆涛 , 耿军 , 武海斌 , 等 . 2016. 3 种果树蚜虫有效防治药剂及剂量筛选 [J]. 植物保护 , 42(5): 225-229.
宫庆涛 , 武海斌 , 张坤鹏 , 等 . 2014. 氟啶虫胺腈对苹果黄蚜室内毒力测定及田间防治效果 [J]. 农药 , 53(10):759-761,772.
宫庆涛 , 武海斌 , 张坤鹏 , 等 . 2016. 三种杀虫剂对梨小食心虫和桃小食心虫的残效研究 [J]. 果树学报 , 33(7): 857-864.
宫庆涛 , 张坤鹏 , 武海斌 , 等 . 2013. 泰安市异色瓢虫色斑类型调查与研究 [J]. 山东农业科学 , 45(11): 95-99.

宫庆涛，张坤鹏，武海斌，等．2014. 泰安夏秋两季异色瓢虫色斑类型变化及多样性分析 [J]. 山东农业科学，46(4):87–92.
宫庆涛，张坤鹏，武海斌，等．2016. 6 种杀虫剂对铜绿丽金龟防治效果评价 [J]. 果树学报，33(12): 1542–1549.
宫庆涛，赵志模，孙瑞红，等．2014. 多种物质对柑橘大实蝇的电生理活性及田间引诱效果评价 [J]. 环境昆虫学报，36(1): 95–101.
宫庆涛．2012. 柑橘大实蝇食物引诱剂与防治药剂筛选研究 [D]. 重庆：西南大学．
谷卫忠，康雅萍，董瑾瑜，等．2006. 黑蚱蝉发生特点与防治对策 [J]. 西北园艺（果树），(1): 54.
顾昌华，龙正权．2007. 广翅蜡蝉优势种对园林植物的为害调查与防控策略探讨 [J]. 中国植保导刊，(12): 23–25.
郭继红，于连成，邵素兰．1997. 黄蓟马在河南周口地区秋田大发生 [J]. 植保技术与推广，(5):40.
郭晓庆．2011. 盗毒蛾在临猗县的发生规律及综防技术 [J]. 农业技术与装备，(18):60–61.
韩文启，史本坤，张祥申．2005. 苹小卷叶蛾大发生的原因及防治方法 [J]. 烟台果树，(2):53–54.
韩学俭．2002. 石榴巾夜蛾的危害及其防治 [J]. 农资科技，(5): 38–39.
郝玉娥，张铭洋，谭胜全，等．2012. 水生捕食线虫真菌季节性分布及多样性研究 [J]. 南华大学学报（自然科学版），(1): 87–92.
何建群，张润，王凌燕，等．2016. 葡萄害虫种类和发生为害特点调查 [J]. 植物医生，29(1): 59–61.
何思瑶，田立超．2017. 黄蓟马危害玉兰初报 [J]. 园林科技，(4):20–21, 28.
何文惠，华启尧，魏福春，等．2016. 采用川硬皮肿腿蜂防治桑天牛的初步研究 [J]. 农技服务，33(17): 67.
何忠雪，梁家燕，贺海雄，等．2017. 苹果园中不同诱捕器及诱饵对柑橘小实蝇的诱杀效果 [J]. 农技服务，34(6): 59, 34.
河北省石家庄果树研究所大丰屯基点组．1977. 茶翅蝽及黄斑蝽的生活习性及防治 [J]. 河北农业科技，(5):34–37.
贺春玲，叶玉彩，陈鲜霞，等．2005. 桑天牛防治方法研究进展 [J]. 陕西林业科技，(3): 40–44.
贺现辉，朱兴全，徐民俊．2011. 寄生线虫 RNA 干扰研究进展 [J]. 中国畜牧兽医，2011, (3): 65–68.
衡德江．2006. 星天牛的发生与防治 [J]. 安徽林业，(5): 45.
侯柏林．2005. 同型巴蜗牛在枣园的发生规律与防治方法 [J]. 山西林业科技，(3): 29–30.
侯乐峰，张燕侠，冯立娟，等．2010. 石榴裂果特性与套袋栽培研究初报 [J]. 中国农学通报，26(2): 181–184.
侯泽海．2015. 关中地区优势蝉科昆虫若虫比较形态学及生态学研究 [D]. 杨凌：西北农林科技大学．
侯峥嵘．2013. 斑衣蜡蝉及其卵寄生蜂研究 [D]. 北京：中国林业科学研究院．
胡美姣，彭正强，杨凤珍，等．2003. 石榴病虫害及其防治 [J]. 热带农业科学，23(3): 60–68.
胡清坡，刘宏敏，张山林．2009. 软籽石榴无公害生产中病虫害综合防治技术 [J]. 中国果菜，(6): 16–19.
胡园春，张宗磊．2015. 2014 年气象条件对枣庄石榴异常裂果的影响分析及防御措施 [J]. 安徽农业科学，43(31): 60,62.
黄礼传，张茂玲，宋西民，等．2005. 苹果园康氏粉蚧的发生规律 [J]. 中国果树，(4): 35–37.
黄咏槐，刘海军，武海卫，等．2014. 多寄主条件下星天牛成虫的补充营养行为研究 [J]. 广东林业科技，30(2):41–44.
惠新民，张世杰，曹彬，等．2003. 野蛞蝓发生规律及综合防治技术 [J]. 陕西农业科学，(2): 64–65.
季荣，王文超，居红华．2003. 茶翅蝽的发生与危害 [J]. 落叶果树，(2): 8.
简恒．2011. 植物线虫学 [M]. 北京：中国农业大学出版社：307–354.
姜国高．1992. 果树营养病害 [M]. 北京：中国林业出版社．
姜芸．1987. 盗毒蛾的生活习性及防治 [J]. 湖南林业科技，(1):41.
蒋平，王远胜．1993. 橘园同型巴蜗牛发生规律及防治研究初报 [J]. 中国柑橘，(3): 24–25.
金凤，嵇保中，刘曙雯，等．2007. 桑天牛雌成虫产卵器解剖和刻槽及产卵习性研究 [J]. 林业科学研究，(3): 394–398.
巨云为，景志高，商金杰．2004. 大袋蛾生物防治技术综合应用研究 [J]. 中国森林病虫，(5):39–42.

康雅萍,谷卫忠,董瑾瑜,等.2009. 黑蚱蝉发生特点与防治技术 [J]. 现代农业科技,(06):112.
孔令刚.2005. 枣庄地区石榴干腐病发生与防治 [J]. 山西果树,(3): 49−50.
孔维嘉,王洋,尚楠.2011. 扩展青霉拮抗菌的筛选鉴定及抗菌物质分析 [J]. 食品科学,32(15):153−157.
旷湘平.2009. 柑橘小实蝇综合防控技术研究 [D]. 长沙:湖南农业大学.
郎剑锋,杜开书,赵荣艳,等.2010. 烟煤病研究进展 [J]. 安徽农业科学,38(7):3525 −3527, 3541.
雷延明,李丙智,孙晓霞,等.2010. 果园防雹网架设技术要点 [J]. 西北园艺,(4): 50−51.
雷智慧,杨金涛.2017. 林木虫害星天牛和光肩星天牛的发生与防治 [J]. 现代农村科技,(6):37.
李翠英.2012. 果树肥害的发生与对策 [J]. 果农之友,(6):35.
李富,何彝昌,赖萍,2007. 金柚白蛾蜡蝉的发生与防治 [J]. 中国南方果树,(1):20.
李改香.2011. 甘肃洮河林区苗圃大灰象甲发生规律及防治 [J]. 中国园艺文摘,27(12): 119,133.
李健平.2005. 云南蒙自石榴的主要病虫害及其防治措施 [J]. 农村实用技术,(12): 27−28.
李杰.2018. 桑天牛发生规律及综合防治技术 [J]. 现代农业科技,(9): 156, 158.
李莉.2010. 草履蚧的发生与防治 [J]. 现代农业科技,(16): 186.
李梅,王立新,何立新,等.2010. 石榴药害症状及补救措施 [J]. 现代园艺,(4):37−38.
李明社,李世东,缪作清,等.2006. 生物熏蒸用于植物土传病害治理的研究 [J]. 中国生物防治,22(4): 296−302.
李钦存,程爱英,王红森,等.1998. 茶翅蝽和麻皮蝽的防治技术 [J]. 植物医生,(1):17−18.
李森.2009. 大袋蛾安全控害技术应用 [J]. 中国园艺文摘,25(10):53−54.
李师昌,吴会亭,刘胜元,等.2001. 绿盲蝽在苹果树上的发生与防治 [J]. 中国果树,(6): 33−34.
李苏萍,陈秀龙,韩国柱,等.2006. 山东广翅蜡蝉生物学特性及防治措施 [J]. 中国森林病虫,(3):36−38.
李为标,王兰玉,丁森,等.1999. 绿盲蝽在果树上发生危害及防治 [J]. 落叶果树,(4): 56.
李维蛟,李强,胡先奇.2009. 木醋液的杀线活性及对根结线虫病的防治效果研究 [J]. 中国农业科学,(11): 4120−4126.
李鑫,龚建宁,李海林.1996. 茶翅蝽成虫取食行为研究初探 [J]. 河北林学院学报,(S1): 230−234.
李鑫,尹翔宇,马丽,等.2007. 茶翅蝽的行为与控制利用 [J]. 西北农林科技大学学报(自然科学版),(10): 139−145.
李兴敏,葛武伟,杨雪萍.2003. 苹果园桑天牛防治四要点 [J]. 山西果树,(4): 47.
李秀丰,谢美华,李雪玲,等.2014. 一株石榴炭疽病病原真菌的鉴定 [J]. 楚雄师范学院学报,(3): 53−58.
李瑶,朱立武,孙龙.2003. 石榴根结线虫病发现简报 [J]. 中国农学通报,19(3): 128.
李云.1999. 同型巴蜗牛对脐橙的危害及防治 [J]. 中国南方果树,(1):12.
李运根,段会明.1998. 桑天牛生物学特性观察及防治 [J]. 江西果树,(3): 28−29.
李志刚,王林聪,叶静文,等.2015. 红树林八点广翅蜡蝉对不同颜色及寄主植物的趋性选择 [J]. 南方农业学报,46(9): 1624−1627.
李宗圈,祖跃庭.2003. 石榴果实日灼病的发生与预防 [J]. 西北园艺,(8):38−39.
郦卫弟,贝亚维,张治军,等.2012. 杭州非栽培植物上访花蓟马种类调查及发生分析 [J]. 浙江农业学报,24(2):252−257.
练飞,佘德松,冯福娟.2008. 板栗新害虫深褐拟叶螽生物学特性及发生条件的研究 [J]. 安徽农业科学,36(36): 15993−15994.
梁泊,韩新明,张承胤,等.2010. 桃根霉软腐病的发生及防治 [J]. 山西果树,(5): 49.
梁海周,赖萍,刘高新,等.2006. 黑蚱蝉的生物学特性及防治 [J]. 安徽农学通报,(10): 150.
梁侃.2014. 桑天牛的生物学特点及其防治技术概述 [J]. 生物灾害科学,37(1):98−100.
林健,全敬峰,孙薇.2009. 山东广翅蜡蝉为害临海杨梅情况及综合防治措施 [J]. 中国南方果树,38(6): 66−67.
林进添,曾玲,梁广文,等.2005. 病原线虫对橘小实蝇种群的控制作用 [J]. 昆虫学报,(5): 736−741.
林明极.2009. 康氏粉蚧生活习性及防治技术 [J]. 北方园艺,(09): 90−91.
林宇玫.2009. 桉蓑蛾生物学特性的研究 [D]. 福州:福建农林大学.

刘宝，文增彦，吕志清 . 2017. 茶翅蝽的发生规律及防治 [J]. 吉林农业，(9):79.
刘博，刘国鹏 . 2017. 麻皮蝽在猕猴桃园的危害及防治措施 [J]. 陕西农业科学，63(12):63−64.
刘大瑛 . 2011. 十二种石榴病害识别与无公害防治 [J]. 西北园艺，(6)：34−35.
刘芳，吴陆山 . 2011. 灰巴蜗牛的危害与防治 [J]. 湖北植保，(4): 41−42.
刘航玮 . 2017. 绿盲蝽四个触角特异气味结合蛋白配体结合特征研究 [D]. 北京：中国农业科学院 .
刘会梅，孙绪艮，王向军 . 2002. 桑天牛研究进展 [J]. 中国森林病虫，(5):30−33.
刘会香，贯鲜云，靳勇，等 . 2005. 石榴疮痂病病原菌生理学特性研究 [J]. 中国森林病虫，(1):1−4.
刘吉敏，黄其椿 . 2017. 柑橘同型巴蜗牛的防治技术 [J]. 农家之友，(10):59−60.
刘佳敏，徐华潮 . 2014. 星天牛成虫对榛挥发性物质的 GC−EAD 反应 [J]. 浙江林业科技，34(2):28−31.
刘克均 . 1992. 石榴褐斑病的研究 [J]. 中国果树，(3): 15−17.
刘四凤，刘东梅，夏明江 . 2014. 楸树大袋蛾的发生与防治 [J]. 现代农村科技，(8):29.
刘霞，马绥斌，郭欢，等 . 2016. 3 种寄主植物对枣树盗毒蛾生长发育的影响 [J]. 中国农学通报，32(3):179−182.
刘兴昌，张润辛，张洪武，等 . 苹果园棉铃虫防治要点 [J]. 西北园艺（果树），2006(3):52.
刘延虹，陈雯，谢飞舟 . 2007. 灰巴蜗牛发生规律研究 [J]. 陕西农业科学，(4):126−127, 129.
刘英胜 . 2017. 石榴冻害的原因及预防措施 [J]. 河北果树，(2):31−32.
刘永生，胡波，张清良，等 . 1999. 八点广翅蜡蝉生物学特性与防治初报 [J]. 湖北林业科技，(2): 29−30.
刘云龙，何永宏，王新志 . 2003. 国内一种果树新病害——石榴枯萎病 [J]. 植物检疫，(4): 206−208.
刘云忠 . 2007. 石榴根结线虫防治试验 [J]. 中国南方果树，36(5): 80.
刘云忠 . 2007. 石榴根结线虫防治试验 [J]. 中国南方果树，36(5): 80.
刘芝棠 . 2010. 石榴裂果的原因及防治措施 [J]. 中国园艺文摘，(2):133−134.
鲁海菊，李河，翟凤艳，等 . 2011. 云南蒙自石榴叶霉病病原菌鉴定 [J]. 安徽农业科学，39(28): 17304, 17307.
鲁海菊，张晓永，全舒舟，等. 2013. 从 93 株土壤真菌中筛选抑制石榴干腐病菌的活性菌株 [J]. 江苏农业科学，41(7):108−110.
罗金山 . 2015. 石榴冷害与病害生理及调控技术研究 [D]. 天津：天津科技大学 .
罗青，邱萍，张亚东，等 . 2009. 肥料致害原因、机理及防治对策 [J]. 现代农业科学，16(8): 32−34.
罗亚萍 . 2013. 光肩星天牛的寄主选择行为和植物源引诱剂研究 [D]. 杭州：浙江农林大学 .
罗志文，李佳琳，朱云，等 . 2013. 折带黄毒蛾生物学特性及综合防治 [J]. 生物灾害科学，36(1):31−34.
吕建坤，吕备战，陈新锋，等 . 2010. 果园梨星毛虫的发生与防治 [J]. 西北园艺（果树），(6):26−27.
吕佩珂，苏慧兰，庞震 . 2010. 中国现代果树病虫原色图鉴 [M]. 北京：蓝天出版社 .
吕平香，杨永红，杨信东，等 . 2007. 生物熏蒸—甲基溴替代技术 [J]. 世界农药，29(1): 39−40, 49.
马丽，弓利英，袁水霞，等 . 2014. 不同药剂和不同施药方法防治农田灰巴蜗牛效果评价 [J]. 植物保护，40(5): 185−190.
孟凡亮 . 2008. 几种杀菌剂防治石榴树黑斑病效果试验 [J]. 农业科学与管理，(11): 35−37.
宁豫婷，王西坡，陈建业 . 2010. 石榴干腐病发生规律及综合防治技术 [J]. 北方园艺，(7): 153−155.
潘锡梅 . 2017. 柑橘小实蝇发生特点及防治对策 [J]. 植物医生，30(02): 54−55.
潘向阳，李子元，曾志文，等 . 2010. 柑橘灰巴蜗牛的发生危害与防治 [J]. 广东农业科学，37(7):107−108.
彭清富，黄增富，彭秀辉，等 . 2013. 龙山县柑橘同型巴蜗牛的发生规律及防治措施 [J]. 现代农业科技，(11):156.
彭雪峰 . 2014. 野蛞蝓对叶菜类蔬菜的为害及防治 [J]. 东南园艺，2(1):55−57.
秦留同，贾国华，孙宝灵，等 . 2010. 石榴园木蠹蛾科主要害虫的发生与防治 [J]. 现代农村科技，(12):23−24.
秦书行，樊玲，王坤宇 . 2009. 石榴食叶害虫防治技术 [J]. 现代园艺，(12):76−77.
卿贵华，高元媛，高杨，等 . 2007. 石榴新害虫——黄蓟马研究初报 [J]. 中国植保导刊，(9):21, 20.
卿贵华 . 2008. 石榴黄蓟马生物学特性研究 [J]. 山地农业生物学报，(5): 402−406.
曲泽州，孙云蔚 . 1990. 果树种类论 [M]. 北京：农业出版社：139−143.

任晓亚 . 2014. 桃小食心虫高致病性昆虫病原线虫的分离及其致病机理研究 [D]. 保定 : 河北农业大学 .
沙宇 , 樊庆铎 . 2006. 桑天牛生活习性及其防治方法 [J]. 安徽林业 , (2): 41.
佘德松 , 周传良 , 冯福娟 , 等 . 2004. 深褐拟叶蠡生物学特性及其防治 [J]. 浙江林业科技 , (5):31-32.
沈强 , 王菊英 , 柳建定 , 等 . 2007. 山东广翅蜡蝉的生物学特性及防治 [J]. 昆虫知识 , (01):116-118, 156.
石祥 , 任思伦 , 郝兆祥 , 等 . 2005. 石榴巾夜蛾生物学特性及防治试验 [J]. 昆虫知识 , (1):77-78.
宋尔宽 , 宋瑞君 . 1994. 陇西地区同型巴蜗牛的发生习性及防治 [J]. 甘肃农业科技 , (12): 38-39.
宋宏伟 , 王彩敏 . 1993. 麻皮蝽和茶翅蝽对枣树的危害及防治研究 [J]. 昆虫知识 , (4): 225-228.
宋金东 . 2015. 渭南市核桃病虫害调查及综合防治技术探讨 [D]. 杨凌 : 西北农林科技大学 .
宋晓贺 , 孙德茂 , 王明刚 , 等 . 2011. 陕西石榴干腐病发生及病原菌鉴定 [J]. 植物保护学报 , 38 (1): 93-94.
宋业杰 , 张伟 , 高楠 , 等 . 2014. 40% 毒死蜱水乳剂对野蛞蝓的防效研究 [J]. 辽宁农业科学 , (1):74-75.
孙东 , 丁学利 , 张霞 , 等 . 2017. 斑衣蜡蝉在宁夏地区的寄主选择特性 [J]. 农村经济与科技 , 28(20):33-35.
孙光钦 . 1983. 大袋蛾生活史、习性观察及防治试验 [J]. 山东林业科技 , (1): 61-64.
孙劲, 易言郁, 郑荣洪, 等 . 2004. 几种药剂对石榴麻皮病的防治研究 [J]. 西昌师范高等专科学校学报, (4): 103-104.
孙丽娜 , 仇贵生 , 张怀江 , 等 . 2015. 苹小卷叶蛾在四种寄主植物上的生长发育及繁殖 [J]. 昆虫学报 , 58(1): 53-59.
孙巧云 , 赵自成 . 1990. 线茸毒蛾生活习性观察研究 [J]. 江苏林业科技 , (2):39-40, 48.
孙懿 . 2016. 果树常见介壳虫的发生与综合防治技术 [J]. 河北果树 , (4):37-38.
孙万宝 , 李玉爱 , 宁安中 , 等 . 2004. 果园立体节水抗旱技术措施 [J]. 烟台果树 , (4):44.
孙元友 , 李颖 , 薛俊华 . 2009. 铜绿丽金龟的生活习性及其防治技术 [J]. 吉林林业科技 , 38(5): 54-55.
唐群勇 . 2008. Fengycin 对 Rhizopus stolonifer 作用机理研究 [D]. 南京：南京农业大学 .
唐兴龙 , 王和绥 . 2010. 一种防治石榴根结线虫病的方法 [P]. 中国发明专利 CN 101843202 A.
田红萍 . 2013. 野蛞蝓的发生与防治 [J]. 中国园艺文摘 , 29(2):151-152.
田素梅 , 王玉玲 . 2012. 几种生物农药对同型巴蜗牛防治效果比较 [J]. 商丘师范学院学报 , 28(6): 82-85.
田素梅 , 王玉玲 . 2013. 几种农药对灰巴蜗牛毒杀效果研究 [J]. 商丘师范学院学报 , 29(3): 69-72.
童超 , 曹成全 , 陈申芝 , 等 . 2018. 灰巴蜗牛对废纸的取食习性 [J]. 乐山师范学院学报 , 33(4): 34-37.
汪洪江 , 胡森 , 吴文龙 , 等 . 2008. 南京地区常见金龟子种类及防治方法 [J]. 林业科技开发 , (3): 98-102.
王爱伟 , 孟繁锡 , 刘春鸽 , 等 . 2006. 我国石榴产业发展现状及对策 [J]. 北方果树 , (6): 35-37.
王穿才 . 2008. 灰巴蜗牛发生规律和习性观察 [J]. 中国蔬菜 , (6): 27-29.
王冬生 , 马恩沛 , 袁全昌 . 1994. 华东地区园林叶螨的初步研究（蜱螨目：叶螨总科）[J]. 华东昆虫学报 , (2): 20-25.
王根厚 . 2017. 梨星毛虫发生规律与防治技术 [J]. 河北果树 , (5): 49-50.
王国红 , 邱新兰 . 1998. 麻皮蝽卵寄生蜂调查初报 [J]. 江西植保 , (4): 12-13.
王国利 , 王秀芳 . 2011. 兰州市盗毒蛾为害木藤蓼的生物学特性研究 [J]. 甘肃农业大学学报 , 46(4): 53-56，61.
王宏毅 . 2002. 卵形短须螨为害西番莲研究 [J]. 福建农林大学学报 (自然科学版), (03): 320-323.
王记侠 , 张新杰 , 任玉华 , 等 . 2008. 斑衣蜡蝉和东方盔蚧的生物学特性及在葡萄上的发生规律和综合防治 [J]. 中外葡萄与葡萄酒 , (2): 36-37, 39.
王建岭 , 王运香 . 2004. 果树涝害发生的原因及灾后管理 [J]. 安徽农业 , (7): 5.
王金荣 , 巫冬江 , 吕爱华 , 等 . 2008. 褐边绿刺蛾幼虫生物农药防治试验 [J]. 浙江林业科技 , (3):66-68.
王丽丽 , 陈敏 , 栾炳辉 , 等 . 2017. 葡萄叶片厚度和茸毛密度与其对绿盲蝽抗性的关系 [J]. 果树学报 , 34(2): 238-244.
王庆军 , 毕润霞 , 马敏 . 2017. 我国北方地区石榴冻害的发生原因及预防措施 [J]. 中国果树 , (2):76-79.
王仁清 , 杨晓芳 , 朱艳花 , 等 . 2002. 野蛞蝓发生动态及生活习性观察 [J]. 植保技术与推广 , (2):13.
王树明 , 王田珍 , 余代宏 , 等 . 2016. 不同诱芯与诱捕器对桔小实蝇诱集效果比较 [J]. 农业开发与装备 , (08): 84, 173.

王田利 . 1998. 危害大樱桃的病虫害及综合防治 [J]. 烟台果树 , (4): 21−22.
王问学 . 1980. 茶毒蛾黑卵蜂生物学及林间寄生习性 [J]. 湖南林业科技 , (2): 32−37.
王西南 , 李占鹏 , 褚秀梅 , 等 . 2001. 桑天牛成虫林间羽化动态的数学模拟 [J]. 山东林业科技 , (3): 44−46.
王晓超 , 彭吉栋 , 武大勇 . 2015. 衡水湖湿地八种园林树木斑衣蜡蝉发生状况调查 [J]. 湖北农业科学 , 54(9): 2110−2113.
王新荣 , 马超 , 任路路 , 等 . 2010. 根结线虫引起的植物根结形态与形成机理研究进展 [J]. 华中农业大学学报 , (2): 251−256.
王新荣 , 马超 , 任路路 , 等 . 2010. 根结线虫引起的植物根结形态与形成机理研究进展 [J]. 华中农业大学学报 , (2): 251−256.
王耀斌 , 史建初 . 1990. 大袋蛾生物学特性及防治 [J]. 昆虫知识 (5): 297−298.
王贻莲 , 李纪顺 , 杨合同 . 2014. 木霉菌株 T11−W 的鉴定及其对南方根结线虫卵的寄生性研究 [J]. 山东科学 , 27(6): 38−42.
王玉玲 , 瞿红侠 . 2011. 灰巴蜗牛的生物防治研究 [J]. 北方园艺 , (9):160−162.
王玉玲 . 2011. 同型巴蜗牛的化学防治方法研究 [J]. 北方园艺 , (3): 169−171.
王增盛 . 2016. 柑橘小实蝇的发生与防治 [J]. 植物医生 , 29(05): 44−45.
吴彩香 , 王敏 , 吴侠贤 . 2006. 大袋蛾的生物学特性及防治 [J]. 现代农业科技 , (10): 84.
吴佩玉 . 1982. 折带黄毒蛾的防治及天敌调查 [J]. 昆虫知识 , (2): 29.
吴佩玉 . 1984. 柞树害虫——折带黄毒蛾的初步研究 [J]. 蚕业科学 , (4): 225−229.
吴文丹 , 尹姣 , 曹雅忠 , 等 . 2014. 我国昆虫病原线虫的研究与应用现状 [J]. 中国生物防治学报 , 30(6): 817−822.
吴文艳 . 2005. 山地果园抗旱保墒措施 [J]. 河北林业科技 , (z1):111.
吴锡锋 , 张宗泽 . 2018. 黎平县柑橘小实蝇发生为害及防治对策 [J]. 植物医生 , 31(3):44−45.
吴志辉 , 余益胜 , 郭新锋 , 2011. 山核桃新害虫深褐拟叶螽的危害及防治 [J]. 林业科技开发 , 25(2): 59−61.
吴志远 . 1990. 线茸毒蛾的生物学和防治 [J]. 昆虫知识 , (2): 107−110.
武玉才 , 武付娟 . 1997. 苹果园铜绿金龟子的防治 [J]. 山西果树 , (1): 48−49.
肖春 , 李正跃 , 陈海如 , 等 . 2004. 柑橘小实蝇的行为学与综合治理技术研究进展 [J]. 江西农业学报 , (01): 34−40.
肖伟 , 武可明 , 宫庆涛 , 等 . 2013. 柑橘大实蝇直肠粗提物的信息素功能 [J]. 中国农业科学 , 46(7): 1501−1508.
谢建华 . 2012. 石榴病虫害综合防治技术 [J]. 陕西林业科技 , (2): 57−59.
谢明惠 , 曲明静 , 陈浩梁 , 等 . 2015. 安徽省花生田 3 种常见金龟子灯诱种群数量动态分析 [J]. 环境昆虫学报 , 37(5): 955−961.
徐焕禄 , 陆亚夏 , 陈光兴 , 等 . 2004. 康氏粉蚧的发生规律及综合防治 [J]. 烟台果树 , (01): 30.
徐盼 . 2013. 康氏粉蚧生物学和生态学特性研究 [D]. 杭州 : 浙江农林大学 .
徐志鸿 . 2015. 如何防治线茸毒蛾 [N]. 中国花卉报 , 07 (004).
许金山 . 2016. 孟连县石斛同型巴蜗牛的危害及防治技术 [J]. 现代农业科技 , (24): 129−130.
许明伟 , 蒋玉超 . 1999. 黄河故道地区危害砀山酥梨的三种蟒象 [J]. 山西果树 , (2):29.
薛照文 . 2011. 山东枣庄石榴园豹纹木蠹蛾的发生及防治技术 [J]. 果树实用技术与信息 , (7): 32−33.
杨海清 , 李福芝 , 许跃东 , 等 . 2012. 北京平谷桃园 3 种介壳虫发生规律及防治措施 [J]. 中国果树 , (5): 69−71
杨海清 , 许跃东 , 朝新明 , 等 . 2011. 康氏粉蚧的发生规律和防治方法 [J]. 山西果树 , (03): 49−50.
杨晖 , 王宇萍 . 1999. 冰雹袭击后的果园管理 [J]. 北方果树 , (6): 37−38.
杨立宁 , 李亚君 , 杜勇军 , 等 . 2012. 蜗牛和蛞蝓在三叶草草坪上的发生和防治 [J]. 现代园艺 , (18): 150,152.
杨铭 , 胡美绒 , 苏小记 , 等 . 2016. 康氏粉蚧的发生规律和防治技术 [J]. 现代园艺 , (08): 48−50.
杨庆仙 . 2010. 晋州梨园康氏粉蚧发生规律调查及综合防治对策 [J]. 中国植保导刊 , 30(7): 26−27.
杨真 , 李建勋 , 徐淑娟 , 等 . 2017. 茶树蓟马种类调查及常见农药对蓟马的田间防控效果 [J]. 南方农业学报 , 48(5): 831−836.

姚俊蕊 . 2012. 盗毒蛾在临猗县的发生规律与防治对策 [J]. 中国农技推广 , 28(1): 44, 41.

姚廷山 , 冉春 , 胡军华 , 等 . 2011. 山东广翅蜡蝉在柑桔园中的为害与防治 [J]. 中国南方果树 , 40(5): 76−77.

叶南锦 , 刘强 , 胡先奇 , 等 . 2013. 中国山东省石榴根际 3 种环亚科线虫记述 [J]. 华中农业大学学报 , 32(6): 55−59.

叶南锦 , 刘强 , 胡先奇 , 等 . 2013. 中国山东省石榴根际 3 种环亚科线虫记述 [J]. 华中农业大学学报 , 32(6): 55−59.

叶南锦 . 2013. 山东石榴产区植物寄生线虫的种类和分布研究 (硕士学位论文)[D]. 云南农业大学 : 1−81.

叶南锦 . 2013. 山东石榴产区植物寄生线虫的种类和分布研究 (硕士学位论文)[D]. 昆明 : 云南农业大学 .

叶志毅 , 刘红 , 沈文静 . 2002. 桑天牛的生活习性和防治方法的研究 [J]. 蚕业科学 , (1): 48−51.

伊伯仁 , 康芝仙 , 卫菊香 , 等 . 1992. 折带黄毒蛾的初步研究 [J]. 北方园艺 , 1992.(6): 37−39.

佚名 . 1977. 白蛾蜡蝉的生活习性及防治 [J]. 广西农业科学 , (4): 28−29.

尹杰 . 2015. 辽宁地区大灰象甲生物学特性及其防治措施 [J]. 防护林科技 , (7):105,107.

尹仁国 , 陈德牛 . 1989. 灰巴蜗牛的生物学特性研究 [J]. 四川动物 , (1): 16−17.

禹坤 , 邹运鼎 , 毕守东 , 等 . 2010. 石榴园 5 种主要食叶类害虫与其捕食性天敌之间的关系 [J]. 中国生态农业学报 , 18(06): 1317−1323.

袁芳芳 , 苏筱雨 , 黄大庄 , 等 . 2016. 桑天牛卵啮小蜂对桑天牛卵寄生作用的初探 [J]. 河北林果研究 , 31(1):54−57.

袁聘卿 , 蒋黎明 , 肖桂凡 . 2008. 8% 吡虫啉・联苯菊酯 SL 防治茶树小绿叶蝉田间药效试验 [J]. 湖南农业科学 , (2): 105−106.

袁盛勇 , 肖春 , 孔琼 , 等 . 2005. 橘小实蝇的产卵选择性 [J]. 江西农业大学学报 , (1): 81−84.

袁自更 . 2017. 星天牛发生规律及绿色防控措施 [J]. 果农之友 , (10): 23−25.

岳敏 . 2014. 法桐树大袋蛾的发生与防治 [J]. 中国园艺文摘 , 30(12): 110−111.

张冬勇 , 周书永 , 朱宁 , 等 . 2017. 山核桃天牛危害调查及种类的鉴别方法 [J]. 浙江农林大学学报 , 34(1): 42−49.

张观杰 . 1997. 黑蚱蝉的危害及防治方法 [J]. 安徽农业 , (07):21.

张国振 , 施长昆 , 秦利人 , 等 . 1986. 同型巴蜗牛发生规律与化学防治技术 [J]. 植物保护 , (5): 18−20.

张宏恩 , 邱松银 , 潘武战 . 1986. 线茸毒蛾生物学特性及防治方法研究初报 [J]. 河南林业科技 , (2): 38.

张惠玲 , 陈立新 , 郭瑞英 . 2007. 康氏粉蚧的发生规律和综合防治技术 [J]. 河北果树 , (S1): 28−29.

张继忠 , 曹晓云 . 2004. 旱区果园抗旱栽培措施 [J]. 西北园艺 , (6): 27−28.

张金平 , 张峰 , 钟永志 , 等 . 2015. 茶翅蝽及其生物防治研究进展 [J]. 中国生物防治学报 , 31(2): 166−175.

张坤鹏 , 武海斌 , 宫庆涛 , 等 . 2013. 溴虫腈对桑蓟马的毒力及对桑树安全性的研究 [J]. 山东农业科学 , 45(12): 79−81.

张坤鹏 , 武海斌 , 宫庆涛 , 等 . 2015. 螺虫乙酯对山楂叶螨种群的影响 [J]. 果树学报 , 32(4): 689−695.

张润光 , 张有林 , 赵蕾丹 . 2012. 石榴贮藏期间褐腐病病原菌的分离、鉴定及不同理化因素对其生长繁殖的影响 [J]. 食品工业科学 , (22): 338−341.

张润光 . 2006. 石榴贮藏期生理变化及保鲜技术研究 [D]. 西安 : 陕西师范大学 .

张小亚 , 黄振东 . 2011. 柑橘八点广翅蜡蝉若虫形态特征及防治 [J]. 浙江柑橘 , 28(4): 29−30.

张艳霞 , 赵丹 , 刘文献 , 等 . 2010. 果园主要蝽类害虫发生规律与防治要点 [J]. 现代农村科技 , (13): 23−24.

张颖 , 李国红 , 张克勤 . 2011. 食线虫真菌资源研究概况 [J]. 菌物学报 , (6): 836−845.

张祖兵 , 杨仕生 , 孙文 , 等 . 2005. 石榴园桔小实蝇种群动态研究 [J]. 安徽农业科学 , (11): 2034−2035, 2071.

赵虎 , 胡长效 , 张艳秋 . 2004. 灰巴蜗牛生物学特性及药剂防治研究 [J]. 农业与技术 , (4): 73−76.

赵健敏 , 刘凤弼 , 代森鑫 . 2010. 果蔬钙肥和惠得营养液在石榴上的应用试验 [J]. 云南农业 , (8): 22−23.

赵亚利 , 赵艳莉 , 曹琴 . 2008. 绿盲蝽在石榴园的发生与防治 [J]. 落叶果树 , (6): 43−44.

赵洋民 , 陈兴振 , 魏士省 , 等 . 2005. 石榴棉蚜药剂防治试验 [J]. 山东林业科技 , (04):49.

赵云霞 . 2010. 日本龟蜡蚧无公害防治技术 [J]. 河北果树 , (03):56.

征月琴 . 2015. 斑衣蜡蝉在银川市爆发原因分析及防治对策 [J]. 宁夏农林科技 , 56(8):53−54.

郑金凤，张国栋 . 2009. 梨叶斑蛾的发生与防治 [J]. 内蒙古林业，(5):17.
郑晓慧，何平 . 2013. 石榴病虫害原色图志 [M]. 北京：科学出版社 .
郑晓慧，卿贵华，钟川 . 2010. 西昌地区石榴叶霉病的病原鉴定 [J]. 植物保护，36(1): 131–133.
郑秀影 . 2009. 果树主要缺素症及其防治 [J]. 果农之友，(3):44.
钟仕田 . 1989. 柑橘园八点广翅蜡蝉生物学观察及防治 [J]. 中国柑橘，(4):32–33.
周春涛，田梅金 . 2013. 云南蒙自石榴园康氏粉蚧的防治技术 [J]. 果树实用技术与信息，(01): 32–33.
周曼殊，符代坤，宋述辉，等 . 1987. 盗毒蛾幼虫皮炎的爆发流行 [J]. 预防医学情报，(3):170.
周荣军，许兴丽，薛玉燕 . 2016. 双齿绿刺蛾生物学特性及防治方法 [J]. 中国园艺文摘，32(03):105–106.
周银丽，胡先奇，王卫疆，等 . 2010. 根结线虫在云南石榴枯萎病发生过程中的作用初探 [J]. 江苏农业科学，(1) : 149–150.
周银丽，胡先奇，王卫疆，等 . 2010. 根结线虫在云南石榴枯萎病发生过程中的作用初探 [J]. 江苏农业科学，(1):149–150.
周银丽，杨伟，余光海，等 . 2005. 中国云南省石榴根结线虫的种类初报 [J]. 华中农业大学学报，24(4): 351–354.
周银丽，杨伟，余光海，等 . 2005. 中国云南省石榴根结线虫的种类初报 [J]. 华中农业大学学报，24(4): 351–354.
周银丽，张国伟，张薇，等 . 2008. 石榴根际寄生线虫的种类研究 [J]. 安徽农业科学，36(4): 1478,1493
周银丽 . 2005. 石榴寄生线虫种类和主要根病复合侵染的研究（硕士学位论文）[D]. 昆明：云南农业大学：1–83.
周又生，尹忠华，陆进，等 . 2000. 石榴豹纹木蠹蛾 (*Zeuzera coffeae* Nietner) 生物学及其防治研究 [J]. 西南农业大学学报，(01): 36–38.
周又生，朱天贵，陆进，等 . 2000. 石榴棉铃虫［*Heliothis armigera* (Hubner)］发生规律及其防治研究 [J]. 西南农业大学学报，(1):33–35,38.
朱海涵 . 2012. 陕西渭北地区苹果园蝉类害虫多样性与危害研究 [D]. 杨凌：西北农林科技大学 .
朱筠，彭凤刚 . 1984. 柳毒蛾和盗毒蛾的质型多角体病毒 [J]. 林业科技通讯，(8):29–30.
朱梅，侯柏华，吴伟南，等 . 2010. 茶园螨类调查及利用胡瓜钝绥螨控制卵形短须螨的初步研究 [J]. 环境昆虫学报，32(02):204–209.
朱有勇 . 2007. 遗传多样性与作物病害持续控制 [M]. 北京：科学出版社：1–6.
朱桢桢，郑华魁，张果果 . 2014. 浅谈石榴冻害预防及树体恢复管理技术 [J]. 农业科技通讯，(1): 237.
AKHTAR M, ALAM M M. 1993. Utilization of waste materials in nematode control: a review [J]. Bioresource Technology, 45(1): 1–7.
AKHTAR M, MALIK A. 2000. Roles of organic soil amendments and soil organisms in the biological control of plant–parasitic nematodes: a review [J]. Bioresource Technology, 74(1): 35–47.
BUTLER D M, KOKALIS–BURELLE N, MURAMOTO J, et al. 2012. Impact of anaerobic soil disinfestation combined with soil solarization on plant – parasitic nematodes and introduced inoculum of soilborne plant pathogens in raised–bed vegetable production [J]. Crop Protection, 39: 33–40.
COLLANGE B, NAVARRETE M, PEYRE G, et al. 2011. Root–knot nematode (Meloidogyne) management in vegetable crop production: The challenge of an agronomic system analysis [J]. Crop Protection, 30(10): 1251–1262.
Darekar K S, Mhase N L, Shelke S S. 1989. Management of nematodes infesting pomegranate[J]. International Nematology Network Newsletter, 6(3): 15–17.
DEVAY J E, STAPLETON J J, ELMORE C L. 1991. Soil Solarization[J]. FAO Plant Production and Protection Paper, 1991: 109.
DONG L, HUANG C, HUANG L, et al. 2012. Screening plants resistant against Meloidogyne incognita and integrated management of plant resources for nematode control [J]. Crop Protection, 33: 34–39.
FAIRBAIRN D J, CAVALLARO A S, BERNARD M, et al. 2007. Host–delivered RNAi: an effective strategy to silence genes in plant parasitic nematodes [J]. Planta, 226(6): 1525–1533.

GAUR H, PERRY R N. 1991. The use of soil solarization for control of plant parasitic nematodes[C]. Nematological Abstracts, 60(4):153−167.

HASHIM Z. 1983. Plant−parasitic nematodes associated with pomegranate (Punica granatum L.) in Jordan and an attempt to chemical control[J]. Nematologia Mediterranea, 11(2): 199−200.

KEESING F, BELDEN L K, DASZAK P, et al. 2010. Impacts of biodiversity on the emergence and transmission of infectious diseases [J]. Nature, 468(7324): 647−652.

KHAN A, BILQEES F M, KHATOON N, et al. 2008. Histopathology of pomegranate roots infected with Meloidogyne javanica [J]. International Journal of Biology and Biotechnology, 5: 3−4.

KHAN A, SHAUKAT S S, SAYED M. 2011. Management of plant nematodes associated with pomegranate (Punica granatum L.) using oil−cakes in Balochistan, Pakistan[J]. Indian Journal of Nematology, 41(1): 1−3.

KHAN A, SHAUKAT S S, SIDDIQUI I A. 2005. A survey of nematodes of pomegranate orchards in Balochistan Province, Pakistan[J]. Nematologia Mediterranea, 33(1): 25−28.

KHAN A. 2005. A survey of nematodes of pomegranate in lower Sindh, Pakistan[J]. Sarhad Journal of Agriculture, 21(4): 699−702.

LILLEY C J, BAKHETIA M, CHARLTON W L, et al. 2007. Recent progress in the development of RNA interference for plant parasitic nematodes [J].Molecular plant pathology, 8(5): 701−711.

MCSORLEY R, MCGOVERN R J. 2000. Effects of solarization and ammonium amendments on plant−parasitic nematodes [J].Journal of nematology, 32(4): 537−541.

MOOSAVI M R, ZARE R. 2012.Fungi as biological control agents of plant−parasitic nematodes [J]. Plant Defence: Biological Control Progress in Biological Control, 12: 67−107.

NASIRA K, SHAHEEN N, SHAHINA F. 2011. Root−knot nematode Meloidogyne incognita wartelles on pomegranate in Swat, KPK, Pakistan[J]. Pakistan Journal of Nematology, 29(1): 117−118.

SCHNEIDER S M, HANSON B D. 2009. Effects of fumigant alternatives to methyl bromide on pest control in open field nursery production of perennial fruit and nut plants[J]. HortTechnology, 19(3): 526−532.

SHELKE S S, DAREKAR K S. 2000. Reaction of pomegranate germplasm to root−knot nematode[J]. Journal of Maharashtra Agricultural Universities, 25 (3): 308−310.

SIDDIQUI Z A, KHAN M W. 1986. A survey of nematodes associated with pomegranate in Libya and evaluation of some systemic nematicides for their control[J]. Pakistan Journal of Nematology, 4(2): 83−90.

STIRLING G R. 2011. Suppressive biological factors influence populations of root lesion nematode (Pratylenchus thornei) on wheat in vertosols from the northern grain−growing region of Australia[J]. Australasian Plant Pathology, 40(4): 416−429.

SUDHEER M J, KALAIARASAN P, SENTHAMARAI M. 2007. Report of root−knot nematode, Meloidogyne incognita on pomegranate, Punica granatum L. from Andhra Pradesh[J]. Indian Journal of Nematology, 37(2): 201−202.

THODEN T C, BOPPRÉ M, HALLMANN J. 2009. Effects of pyrrolizidine alkaloids on the performance of plant−parasitic and free−living nematodes [J].Pest management science, 65(7): 823−830.

VERMA R R. 1985. Susceptibility of some pomegranate varieties to root−knot nematode[J]. Indian Journal of Nematology, 1985, 15(2): 247.

WESTPHAL A. 2011. Sustainable approaches to the management of plant−parasitic nematodes and disease complexes [J]. Journal of nematology, 43(2): 122−125.

附录

FULU

附录1
限制使用农药名录（2017版）

定点经营（22种）

1. 甲拌磷
2. 甲基异柳磷
3. 克百威
4. 磷化铝
5. 硫丹
6. 氯化苦
7. 灭多威
8. 灭线磷
9. 水胺硫磷
10. 涕灭威
11. 溴甲烷
12. 氧乐果
13. 百草枯
14. 2，4-滴丁酯
15. C型肉毒梭菌毒素
16. D型肉毒梭菌毒素
17. 氟鼠灵
18. 敌鼠钠盐
19. 杀鼠灵
20. 杀鼠醚
21. 溴敌隆
22. 溴鼠灵

定点经营时间待定（10种）

1. 丁硫克百威
2. 丁酰肼
3. 毒死蜱
4. 氟苯虫酰胺
5. 氟虫腈
6. 乐果
7. 氰戊菊酯
8. 三氯杀螨醇
9. 三唑磷
10. 乙酰甲胺磷

说　明

甲拌磷、甲基异柳磷、内吸磷、克百威、涕灭威、灭线磷、硫环磷、氯唑磷：禁用于蔬菜、果树、茶树、中草药材；

水胺硫磷：禁用于柑橘树；

灭多威：禁用于柑橘树、苹果树、茶树、十字花科蔬菜；

硫丹：禁用于苹果树、茶树；

溴甲烷：禁用于草莓、黄瓜；

氧乐果：禁用于甘蓝、柑橘树；

三氯杀螨醇、氰戊菊酯：禁用于茶树；

杀扑磷：禁用于柑橘树；

丁酰肼(比久)：禁用于花生；

氟虫腈：禁用于除卫生用、玉米等部分旱田种子包衣剂外的其他用途；

溴甲烷、氯化苦：登记使用范围和施用方法变更为土壤熏蒸，撤销除土壤熏蒸外的其他登记；

毒死蜱、三唑磷：自2016年12月31日起，禁止在蔬菜上使用；

2,4–滴丁酯：不再受理、批准2,4–滴丁酯（包括原药、母药、单剂、复配制剂，下同）的田间试验和登记申请；不再受理、批准2,4–滴丁酯境内使用的续展登记申请。保留原药生产企业2,4–滴丁酯产品的境外使用登记，原药生产企业可在续展登记时申请将现有登记变更为仅供出口境外使用登记；

氟苯虫酰胺：自2018年10月1日起，禁止氟苯虫酰胺在水稻作物上使用；

克百威、甲拌磷、甲基异柳磷：自2018年10月1日起，禁止在甘蔗作物上使用；

磷化铝：应当采用内外双层包装。外包装应具有良好密闭性，防水、防潮、防气体外泄。自2018年10月1日起，禁止销售、使用其他包装的磷化铝产品。

另附：禁止生产销售和使用的农药名单（42种）

六六六、滴滴涕、毒杀芬、二溴氯丙烷、杀虫脒、二溴乙烷、除草醚、艾氏剂、狄氏剂、汞制剂、砷类、铅类、敌枯双、氟乙酰胺、甘氟、毒鼠强、氟乙酸钠、毒鼠硅、甲胺磷、甲基对硫磷、对硫磷、久效磷、磷胺、苯线磷、地虫硫磷、甲基硫环磷、磷化钙、磷化镁、磷化锌、硫线磷、蝇毒磷、治螟磷、特丁硫磷、氯磺隆、福美胂、福美甲胂、胺苯磺隆单剂、甲磺隆单剂（38种）百草枯水剂自2016年7月1日起停止在国内销售和使用。

胺苯磺隆复配制剂、甲磺隆复配制剂自2017年7月1日起禁止在国内销售和使用。

三氯杀螨醇自2018年10月1日起，全面禁止三氯杀螨醇销售、使用。

附录 2
石榴园常用农药品种及其使用技术

常用杀菌剂

药剂名称	毒性	稀释倍数和使用方法	防治对象
430g/L 戊唑醇悬浮剂	低毒	3000 ~ 5000 倍液，喷施	褐斑病、叶霉病、果腐病、炭疽病、干腐病等
10% 苯醚甲环唑水分散颗粒剂	低毒	2500 ~ 3000 倍液，喷施	褐斑病、叶霉病、炭疽病、果腐病、干腐病等
80% 代森锰锌可湿性粉剂	低毒	800 倍液，喷施	褐斑病、叶霉病、干腐病等
70% 甲基硫菌灵可湿性粉剂	低毒	800 ~ 1000 倍液，喷施	多种真菌病害
50% 多菌灵可湿性粉剂	低毒	500 ~ 700 倍液，喷施	多种真菌病害
50% 异菌脲可湿性粉剂	低毒	1000 ~ 1500 倍液，喷施	褐斑病、炭疽病等
石硫合剂	中毒	萌芽前使用，3 ~ 5 波美度	多种病原菌、介壳虫、螨类等越冬害虫
3% 多抗霉素水剂	低毒	300 ~ 500 倍液，喷施	多种真菌病害
25% 丙环唑乳油	低毒	200 倍液涂抹， 1500 ~ 2000 倍液，喷施	枝枯病、褐斑病、叶霉病、炭疽病、干腐病等
3% 甲基硫菌灵膏剂（涂剂）	低毒	萌芽前涂抹	枝干病害
40% 氟硅唑乳油	低毒	6000 倍液，喷施	枝枯病、褐斑病、叶霉病、炭疽病、干腐病等
1% 中生菌素水剂	低毒	1000 倍，喷施或灌根	褐斑病、炭疽病等
50% 嘧菌酯水分散粒剂	低毒	1500 倍液喷雾	褐斑病、叶霉病、果腐病、炭疽病、干腐病等
25% 吡唑醚菌酯乳油	低毒	3000 ~ 4000 倍液，喷施	褐斑病、叶霉病、果腐病、炭疽病、干腐病等

杀虫、杀螨剂

品种与剂型	毒性	稀释倍数和使用方法	防治对象
5% 噻螨酮乳油	低毒	1500 ~ 2000 倍液，喷施	多种叶螨的幼若螨和卵有很强杀伤作用，对成螨效果差
24% 螺螨酯悬浮剂	低毒	5000 ~ 6000 倍液，喷施	对害螨的卵、幼若螨有良好的杀伤效果，对成螨无效，但具有抑制雌螨产卵孵化作用
15% 哒螨灵乳油	低毒	2500 ~ 3000 倍液，喷施	对卵、幼螨、若螨和成螨都有很好的效果
20% 四螨嗪悬浮剂	低毒	2000 ~ 2500 倍液，喷施	主要杀螨卵，但对幼螨也有一定效果，对成螨无效
10% 浏阳霉素水剂	低毒	1500 ~ 2000 倍液，喷施	多种螨类
1.8% 阿维菌素乳油	低毒	5000 ~ 6000 倍液，喷施	螨类、潜叶蛾、线虫类
1.9% 甲维盐乳油	低毒	5000 ~ 6000 倍液，喷施	螨类、卷叶蛾、线虫

（续）

品种与剂型	毒性	稀释倍数和使用方法	防治对象
5% 虫螨腈乳油	低毒	4000 ~ 6000 倍液，喷施	卷叶蛾、螨类
24% 噻虫嗪颗粒剂	低毒	8000 ~ 10000 倍液，喷施	蚜虫、叶蝉
10% 吡虫啉可湿性粉剂	低毒	1000 ~ 1500 倍液，喷施	蚜虫、叶蝉
3% 啶虫脒乳油	中毒	2500 ~ 3000 倍液，喷施	蚜虫、叶蝉
20% 虫酰肼悬浮剂	低毒	1500 ~ 2000 倍液，喷施	卷叶蛾
35% 氯虫苯甲酰胺水分散粒剂	微毒	3000 ~ 4000 倍液，喷施	桃小食心虫等鳞翅目害虫
40% 毒死蜱乳油	中毒	1500 ~ 2000 倍液，喷施	蚜虫，金龟子，介壳虫，蟀象，桃蛀螟、桃小食心虫等鳞翅目害虫
50% 杀螟硫磷乳油	低毒	1200 ~ 1500 倍液，喷施	蟀象，桃蛀螟、桃小食心虫等鳞翅目害虫
5% 氟虫腈乳油	低毒	2000 ~ 2500 倍液，喷施	卷叶蛾、蚜虫、蟀象
2.5% 氯氟氰菊酯乳油	中毒	2500 ~ 3000 倍液，喷施	金龟子，桃蛀螟、桃小食心虫等鳞翅目害虫，兼治叶螨
25% 噻嗪酮可湿性粉剂	低毒	1500 ~ 2000 倍液，喷施	介壳虫、叶蝉
95% 机油乳剂	微毒	100 倍液，萌芽前喷施	介壳虫、蚜虫、叶螨
5% 氟氯氰菊酯乳油	低毒	2500 ~ 3000 倍液，喷施	金龟子，桃蛀螟、桃小食心虫等鳞翅目害虫
4.5% 高效氯氰菊酯乳油	中毒	1500 ~ 2000 倍液，喷施	金龟子，桃蛀螟、桃小食心虫等鳞翅目害虫
2.5% 溴氰菊酯乳油	中毒	2500 ~ 3000 倍液，喷施	金龟子，桃蛀螟、桃小食心虫等鳞翅目害虫
20% 甲氰菊酯乳油	中毒	2500 ~ 3000 倍液，喷施	金龟子，桃蛀螟、桃小食心虫等鳞翅目害虫，兼治叶螨
10% 联苯菊酯乳油	中毒	1000 ~ 1500 倍液，喷施	金龟子，桃蛀螟、桃小食心虫等鳞翅目害虫，兼治叶螨
25% 灭幼脲悬浮剂	低毒	1500 ~ 2000 倍液，喷施	桃蛀螟、桃小食心虫等鳞翅目害虫
5% 杀铃脲乳油	低毒	1500 ~ 2000 倍液，喷施	桃蛀螟、桃小食心虫等鳞翅目害虫
5% 除虫脲悬浮剂	低毒	400 ~ 600 倍液，喷施	桃蛀螟、桃小食心虫等鳞翅目害虫

附录3
波尔多液的配置及质量检测

1 波尔多液的配置

1.1 材料及用具

生石灰、硫酸铜、水、称、木棒、试管、pH试纸、塑料桶等。

1.2 原材料比例

生石灰1份，硫酸铜1份，水200～240份。

1.3 配制方法

（1）**生石灰溶解**。用少量水化开生石灰，待熟化后加入1/5水搅拌成石灰乳液，过滤掉渣子后备用。

（2）**硫酸铜溶解**。配药前将硫酸铜碾碎。配制时先用少量热水溶解硫酸铜，硫酸铜完全溶解后，加入4/5的水成硫酸铜液。

（3）**混合**。将塑料桶中的硫酸铜液缓慢注入石灰乳液中，边倒边搅拌即成。在人员充足配置材料充足的果园，可分别用一半水溶解好硫酸铜和石灰乳液在两个塑料桶里，然后将硫酸铜液和石灰乳液同时缓慢倒入第三只塑料桶中，边倒边搅拌。在有固定配药池的果园，用全量水的一半配制硫酸铜液，另一半配制石灰乳，两槽同时开放（石灰乳槽稍先）注入大药槽加以搅拌即成。

2 波尔多液质量检测

2.1 颜色观察

比较观察配制出来波尔多液的颜色质地是否相同，质量优良的波尔多液应为天蓝色胶乳状液。

2.2 pH试纸反应

将配制的波尔多液用pH试纸进行检测，优质的波尔多液的pH应为碱性。

2.3 铁钉试验

用磨亮的铁钉插入配置好的波尔多液中，观察是否有镀铜现象，优质的波尔多液以不产生镀铜现象为好。

2.4 滤液吹气

取配制的波尔多液滤液少许分别置于玻片上，对液面轻吹约1分钟，优质的波尔多液以产生薄膜为好。

2.5 沉淀检测法

将配制好的波尔多液分别倒入100mL量筒中，静置30分钟后，按时记载沉淀情况。沉淀越慢，质量越好，否则，质量就差。

3 波尔多液配制及使用应注意事项

（1）原料选择。配制时生石灰要纯洁烧透的（质纯、色白、块状，敲击时有清脆声），如无块状生石灰，用熟石灰代替用量要增加30%；硫酸铜要质纯、呈鲜蓝色有光泽的结晶，已风化的消石灰及杂质较多的硫酸铜不宜用。水要去掉杂质，尽量用含矿物质少的江、河水配药。

（2）配置容器。盛药容器只能用木桶、塑料桶或缸等陶制品，而不准使用金属容器配药。配制量少时，可用木桶或塑料桶、大缸等；用量过大时，可制作 3 个水泥池，上面两个平列，分别盛硫酸铜液和石灰乳液，下面池子比上边两个池子容量要大，以便混合以上两液。

（3）配制温度。配制时两液温度都不可超过室温，并应达到一致时再混合；否则，极易产生沉淀而影响质量。

（4）随配随用。波尔多液要随配随用，也不能先配制浓缩波尔多液，再加水稀释使用。

（5）喷药时间。喷布波尔多液要选择晴朗、无阴雨天气的上午11：00以前和下午15：00以后，如遇潮湿（如阴天、大雾天）、多雨或早、晚叶片上有露水时，要避免喷波尔多液，防止出现药害或降低药效。雨季使用波尔多液，配制时要适量增加石灰用量；或在100g药液中加入0.2～0.3kg 豆浆做黏着剂，以保持其残效期。

（6）不宜混用药剂。要重视药剂的混合使用和间隔使用天数。对不宜混用的药剂，如石硫合剂、松脂合剂、代森锰锌等绝对不能混合使用。喷过波尔多液后15～20天内不能喷松脂合剂，20～25天以上才能喷石硫合剂；喷过矿物油乳剂后30天内不能喷波尔多液。

附录 4
石硫合剂的配置及注意事项

1 石硫合剂的配置

1.1 材料

生石灰、硫黄粉和水。

1.2 原材料比例

原料的配比为 1∶1.3～2 ∶10～20，在这个配比范围内都能熬制出浓度较大的母液。

1.3 熬制方法

（1）计算好用水量，先将水倒入铁锅中，烧热至 60℃左右时，把生石灰沿锅边倒入铁锅内，持续加热，生石灰遇水后放热很快溶解成石灰浆后，适当搅拌。

（2）当石灰浆沸腾时，把事先用少量热水调好的硫黄浆沿锅边缓缓倒入锅中，边倒边搅拌，并标记旺火熬煮前铁锅中混合液位置。

（3）旺火煮沸40～60 分钟，熬制期间不停搅拌，并不断用热水补足蒸发水量至标定位置，待药液颜色由鲜黄逐渐熬成枣红色即可停火。

（4）最后补足水量应在撤火15 分钟前进行，熬制期间仍需不停搅拌。

（5）冷却后用细网过滤，滤出残渣。

2 石硫合剂配置注意事项

熬制方法是否得当，直接影响到配制药液的质量高低。因此熬制过程中应注意以下几个方面：

（1）要用瓦锅或生铁锅、不锈钢锅，忌用铜锅、铝锅、钢锅。

（2）选用白色、块状、杂质少的没有吸湿风化且烧制到位的优质生石灰；硫黄选用正规厂家生产的金黄色粉末，如果硫黄为块状，使用前必须碾碎过筛，颗粒越细越好，即目数越高越好。水要选用无污染、无杂质的净水，不要使用硬度大的水，否则会降低药效。

（3）熬制过程中要不停搅拌，如液体上泡沫多，可放入盐消灭泡沫；时间和火力控制好，时间短或火力不够，直接影响原液质量；及时用热水补充蒸发的水量，使标记的水面高度保持不变，撤火前15 分钟补足水量。

（4）石硫合剂使用浓度的计算。若稀释加水量无表可查时，可按下列算法算出石硫合剂原液的加水量：

加水倍数=原液浓度÷需要喷的浓度−1

或加水倍数=（原液浓度−需要喷的浓度）÷需要喷的浓度。

若需要喷施5波美度石硫合剂，即

加水量=23÷5−1=3.6

则1份石硫合剂原液加3.6份水，即稀释为5波美度石硫合剂。

附录5
树干涂白剂

1 涂白剂的作用

使用涂白剂，可以减轻果树因日灼、冻伤而造成的损害，并杀死在树干基部危害的害虫，防止天牛、介壳虫等害虫在树干上产卵或附着，同时可以遮盖伤口，抑制病菌菌体活性和进一步侵染，减少干部病害的发生，另外还起到美观和防止动物咬伤树皮的功效。涂白剂本身具有防治病虫的作用，一般不需要另外加入其他防治病虫的药剂，但据使用经验，为加强对病虫害的防治作用，涂白剂中可以另外加入适量杀菌剂或杀虫剂，从而起到更多、更大的作用。

2 涂白剂配方

配方1：生石灰10份，硫黄1份，水40份，豆面、盐小许。

配方2：生石灰4份，硫酸铜1份，水20份，豆面1份。

3 涂白剂的配制方法

3.1 配方1涂白剂的配制

（1）先用40～50℃的热水将硫黄粉与食盐分别泡溶化，可在硫黄粉液里加入0.2%～0.3%中性洗衣粉。

（2）再用少量热水将生石灰熟化并加水调制成石灰乳。

（3）将石灰乳和硫黄液充分混合，并不断搅拌。

（4）加入豆面和盐充分搅匀并补足水量即成。

3.2 配方2涂白剂的配制

（1）用少量热水将硫酸铜充分溶解，再加用水量的2/3的水加以稀释。

（2）将生石灰先用小量水熟化，粉开后另加1/3水调成浓石灰乳。

（3）等两液分别充分溶解且温度相同后将硫酸铜倒入浓石灰乳中，并不断搅拌，最后加入豆面并不断搅拌均匀即成。

4 涂白剂配制及应用中应该注意的问题

（1）选用白色、块状、杂质少的、没有吸湿风化且烧制成熟的优质生石灰；硫黄选用正规厂家生产的金黄色粉末，如果硫黄为块状，使用前必须碾碎过筛，颗粒越细越好。

（2）涂白剂的使用时间。涂白作业要求的环境温度是5～40℃，低于0℃禁止工作。低于0℃因水易冻结冰而造成石榴涂刷部位冻伤。通常情况下，秋季至初冬（10～12月）为一年中最主要的涂白季节，可起到防冻、防日灼、防抽干等作用。

（3）树体涂白前，先对树干、主枝上的老粗皮进行刮除、清理，以使涂白剂附着力更强，渗透力更好，防病虫效果更佳。

（4）涂刷后24小时内遇雨应补刷。

（5）涂白高度主要在离地1～1.5m为宜。如老树露骨更新后，为防止日晒，则涂白位置应适当提高。

（6）涂白剂要随配随用，不能久放。使用时要将涂白剂充分搅拌，以利刷匀，并使涂白剂均匀附着在树干上。以涂在树干上不向下流又不结成疙瘩并能薄薄地粘上一层为宜。

附录 6
石榴园综合防控技术规程

时 期（物候期）	防 治 对 象	防 治 方 法
11 月上旬至翌年 3 月上旬（休眠期）	疮痂病、干腐病、炭疽病、线虫病、石榴棉蚜、介壳虫、木蠹蛾、茎窗蛾、桃蛀螟等多种越冬病虫害	① 11 月下旬，树干涂白防止冻害发生 ②结合冬季修剪，剪除病虫枯枝、僵果，清除地面落果、落叶、杂草，结合 ③施肥和翻耕土壤深埋树下或集中起来带出果园烧毁，消灭越冬病虫 ④入冬前将石榴树根茎培土墩，培土高度 50 ～ 80cm。或缠塑料布条、捆草把等保护树干防止冻害 ⑤地下施有机肥，加 10% 克线丹颗粒剂 45 ～ $75kg/hm^2$ 防治根结线虫
3 月中旬至 4 月初（芽萌动期）	树上越冬病菌及害虫等	①萌芽前，用 3 ～ 5 波美度石硫合剂喷干枝，铲除越冬菌源；介壳虫危害严重的果园，可用 95% 机油乳剂 80 倍 +48% 毒死蜱乳油 1500 倍液喷雾，不严重时也可人工刷除 ②芽萌动后期，防治绿盲蝽、叶蝉、茎窗蛾、蚜虫等，供选择药剂如 10% 吡虫啉可湿性粉剂 1000 倍、3% 啶虫脒乳油 2000 倍、5% 高效氯氰菊酯乳油 1500 倍、2.5% 高效氯氟氰菊酯乳油 2000 倍液
4 月中旬至 5 月上旬（发芽至花前）	炭疽病、褐腐病、疮痂病、蝽象、蚜虫、桃蛀螟、石榴巾夜蛾、金龟子、介壳虫、叶螨等	①杀菌剂可选 25% 丙环唑乳油 1500 倍液、25% 戊唑醇水乳剂 1500 倍、25% 吡唑醚菌酯乳油 3000 倍、70% 代森锰锌可湿性粉剂 600 倍等 ②喷施杀菌剂同时可混用杀虫剂同时兼治蝽象、蚜虫、金龟子、鳞翅目等害虫，可选择 10% 吡虫啉可湿性粉剂 1000 倍、3% 啶虫脒乳油 2000 倍液杀灭各类蚜虫；5% 锐劲特悬浮剂 2000 倍液、5% 高效氯氰菊酯乳油 1500 倍、2.5% 高效氯氟氰菊酯乳油 2000 倍液消灭蝽象、鳞翅目害虫；卷叶蛾幼虫可选择 25% 灭幼脲悬浮剂 2000 倍液。1.8% 阿维菌素乳油 1500 倍防治叶螨 ③田间悬挂频振式杀虫灯，诱杀各种害虫
5 月上中旬至 6 月下旬（花期）	干腐病、褐斑病、疮痂病、炭疽病、桃蛀螟、石榴巾夜蛾、桃小食心虫、毛虫类、刺蛾、蚜虫、金龟子、叶蝉、介壳虫、叶螨等	① 43% 戊唑醇悬浮剂 3000 倍液、70% 甲基硫菌灵可湿性粉剂 700 倍液、50% 多菌灵可湿性粉剂 600 倍、25% 吡唑醚菌酯乳油 3000 倍、70% 代森锰锌可湿性粉剂 600 倍液等防治干腐病、褐斑病、疮痂病等 ②择 15% 哒螨灵乳油 2000 倍液、25% 三唑锡可湿性粉剂 1500 倍液、1.8% 阿维菌素乳油 1500 倍液消灭叶螨；10% 吡虫啉可湿性粉剂 1000 倍、3% 啶虫脒乳油 2000 倍液杀灭各类蚜虫 ③ 5% 高效氯氰菊酯乳油 1500 倍、2.5% 高效氯氟氰菊酯乳油 2000 倍液杀灭各种害虫。48% 毒死蜱乳油 1500 倍液防治介壳虫 ④检查树体发现有石榴茎窗蛾危害的枝干时，在最下部排粪孔处，注入 50% 敌敌畏 500 倍液，用泥封闭杀灭，或用磷化铝毒签塞住洞口 ⑤ 6 月上旬挂性诱剂诱集桃小食心虫、桃蛀螟等，进行防治和测报
6 月下旬至 7 月上中旬（谢花至幼果期）	干腐病、疮痂病、褐斑病、炭疽病、桃小食心虫、桃蛀螟、介壳虫、叶蝉、毛虫、叶螨等	① 43% 戊唑醇悬浮剂 3000 倍、70% 甲基硫菌灵可湿性粉剂 700 倍、50% 多菌灵可湿性粉剂 600 倍、25% 吡唑醚菌酯乳油 3000 倍液等防治干腐病、褐斑病等 ② 5% 高效氯氰菊酯乳油 1500 倍、2.5% 高效氯氟氰菊酯乳油 2000 倍液等防治桃小食心虫、桃蛀螟等 ③防治螨类可选用 20% 哒螨灵乳油 2000 倍、1.8% 阿维菌素乳油 2000 倍液 ④有条件的果园幼果期喷杀虫杀菌剂晾干后套袋

（续）

时期（物候期）	防治对象	防治方法
7 月下旬（幼果膨大期）	干腐病、炭疽病、疮痂病、褐斑病、桃蛀螟、桃小食心虫、黄刺蛾、介壳虫等	① 25% 戊唑醇水乳剂 1500 倍、70% 甲基硫菌灵可湿性粉剂 700 倍、70% 代森锰锌可湿性粉剂 600 倍、25% 吡唑醚菌酯乳油 3000 倍液等防治干腐病等 ②用 10% 吡虫啉可湿性粉剂 1000 倍液加 48% 毒死蜱乳油 1500 倍液防治黄刺蛾、介壳虫等害虫 ③发现病虫果实和木蠹蛾虫枝进行摘除或剪除
8 月上旬至 9 月下旬（果实膨大期）	干腐病、炭疽病、疮痂病、褐斑病、麻皮病、石榴巾夜蛾、桃蛀螟、桃小食心虫、黄刺蛾、介壳虫等	①用 25% 戊唑醇水乳剂 1500 倍、70% 甲基硫菌灵可湿性粉剂 700 倍、70% 代森锰锌可湿性粉剂 600 倍、25% 吡唑醚菌酯乳油 3000 倍、25% 丙环唑乳油 1500 倍液等防治病害 ②用 BT 乳剂 1000 倍或 2. 5% 高效氯氰菊酯乳油 1500 倍、2.5% 高效氯氟氰菊酯乳油 2000 倍液等防治桃小食心虫、桃蛀螟等。BT 乳剂不能和部分杀菌剂混合使用
9 月下旬至 10 月上旬（果实成熟期）	病虫害同果实膨大期	①人工剪除病虫果、枝 ②近成熟期的果实严禁喷洒高毒农药或不喷药

注：
①物候期是指山东、河南、安徽石榴种植区的大致时期，不同地区、不同品种有所差异。
②石榴病虫害的防控是根据主要病害的发生情况，以杀菌剂的适时、合理施用为基础，应掌握每 10 ～ 20 天喷 1 次药。杀虫、杀螨剂的使用是根据虫害、螨害的发生情况加入的。其加入的种类、使用浓度和时期，可根据虫害、螨害的发生种类、时期、抗药性情况作适当调整。
③各杀虫、杀菌剂均应在果实采摘前 15 天以上停止施药；果实采摘后根据叶片病虫害发生情况继续用药，以免提早落叶。